装备测试性验证与评价工程实践

连光耀　闫鹏程　孙江生　等编著

国防工业出版社

·北京·

内 容 简 介

本书主要介绍装备测试性验证与评估的试验技术和方法,是一本工程实践性较强的著作。

全书共分5章:第1章为绪论,主要对装备测试性验证与评价所涉及的关键技术进行了说明,并对相关技术与方法的国内外现状进行了分析,最后结合我军装备建设具体情况,对装备测试性验证与评价工作存在的问题进行了梳理,并提出了具体意见和建议;第2章为测试性试验工作的内容与要求,在对GJB 2547A—2012《装备测试性工作通用要求》标准要点解读的基础上,对装备测试性验证试验的工作内容、试验要求进行了说明,按照试验流程,明确了试验策划、试验设计、试验准备、试验实施、结果报告等具体内容和要求,规范和指导了装备测试性试验工作;第3章为测试性验证试验故障注入操作要求,首先介绍故障注入系统的设计及功能要求,然后规定装备测试性验证试验中外部总线故障注入、基于探针故障注入、基于转接板故障注入、插拔式故障注入和软件故障注入的原理、操作步骤及注意事项,适用于装备测试性验证试验中故障注入工作;第4章为测试性试验方案设计与指标评价方法,明确了装备测试性验证试验工作过程中试验方案的参数计算、样本量分配和结果评价的方法,能够指导装备测试性试验大纲制定工作;第5章为典型装备测试性验证与评价工程实践,依托某典型对象测试性验证与评价试验,对开展测试性试验的流程、主要工作过程及数据处理情况进行说明。

本书既可供从事电子装备设计与制造、试验、维修保障以及相关管理人员使用,也可作为高等院校研究生的参考教材。

图书在版编目(CIP)数据

装备测试性验证与评价工程实践 / 连光耀等编著.
—北京:国防工业出版社,2020.1
ISBN 978-7-118-12049-3

Ⅰ.①装… Ⅱ.①连… Ⅲ.①武器装备-测试 Ⅳ.
①TJ06

中国版本图书馆 CIP 数据核字(2019)第 269989 号

※

*国防工业出版社*出版发行
(北京市海淀区紫竹院南路23号 邮政编码100048)
三河市腾飞印务有限公司印刷
新华书店经售

*

开本787×1092 1/16 印张7¼ 字数100千字
2020年1月第1版第1次印刷 印数1—2000册 定价40.00元

(本书如有印装错误,我社负责调换)

国防书店:(010)88540777   发行邮购:(010)88540776
发行传真:(010)88540755   发行业务:(010)88540717

编　委　会

主　　编：连光耀　闫鹏程　孙江生

副 主 编：李会杰　张西山　连云峰　梁伟杰

参编人员：连光耀　闫鹏程　孙江生　李会杰　张西山　连云峰

　　　　　梁伟杰　代冬升　李雅峰　王　凯　邱文昊　杨金鹏

　　　　　李宝晨　李志宇　潘国庆　厚　泽　陈　然　苗佳雨

序　言

随着新型装备技术越来越先进,系统越来越复杂,运用环境越来越严酷,装备通用质量特性已经成为与射程、精度等战术技术性能同等重要的设计要求,对装备的作战能力、生存能力、部署机动能力、维修保障和全寿命周期费用等具有重大影响,并最终成为决定战争胜负的一个重要因素。测试性作为装备通用质量特性的重要组成部分,与维修保障直接相关,是装备维修保障的关键。良好的测试性设计,能够显著降低维修保障难度和全寿命周期费用,提高装备战备完好性和任务成功性。

近年来,国内在装备研制过程中,认真关注装备通用质量特性,特别是测试性设计,强化使用与保障需求牵引的设计理念,加强专项队伍建设,从方案阶段就开始加大测试性设计工作,提高装备测试性设计水平,全面落实装备"好用、管用、耐用、实用"的使用要求,取得了很好的效果,新装备测试性水平得到了显著提升。但是,由于受惯性模式等方面的影响,以及缺乏有效的装备测试性验证评估方法和手段,难以实现装备测试性设计的全面考核,装备测试性要求落实存在许多困难:

一是装备测试性验证与评估存在技术瓶颈。装备测试性验证与评估试验需要在装备故障状态下进行,新型装备大多具有结构复杂、功能多样等特点,故障模式复杂、故障类型多样,准确复现这些多样化的故障模式,并保证故障特征的真实性、故障模式的标准化、故障信号的准确性和故障模拟的通用性存在很大困难。此外,在复杂装备结构中寻找合适的位置,对故障实施有效加载,让故障能够有效进行传播,也是限制装备测试性验证与评估工作的技术难点。

二是装备测试性验证与评估手段不完善。当前国内装备测试性验证与评估手段建设正处于起步阶段,现有测试性验证手段大多是为了解决故障模拟问题,还没有形成对测试性验证与评估工作的全面覆盖。此外,实装试验环境不仅人力、物力投入大,当某一分系统不在试验现场或未完成研制时,无法开展试验,时效性和经济性难以得到保证;同时,由于不能及时发现装备测试性设计方面存在的缺陷和问题,也影响了装备测试性设计增长。

三是装备测试性验证与评估标准规范不完备。国内现有的一些装备测试性设计分析与评估规范主要来源于国外同类标准的吸收和转换,适用性方面还存在一些不足。在样本量确定、样本选取与抽样、指标评估等关键环节约束不统一,没有规定测试性外场评价的统一方法。此外,在测试性验证与评估试验操作方面,多数标准只给出了试验的工作原则和要求,没有具体试验方法,缺乏实际针对性,难以有效指导和规范装备测试性验证与评估工作。

针对上述问题和需求,我们从科研教学和工程实际出发,在吸收和总结国内外相关领域的研究成果基础上,结合作者近年来在装备测试性验证与评估方面的教学和科研取得的成果,精心组织撰写了本书,力求为推动我国装备测试性设计技术的发展及其应用尽绵薄之力。

由于编者水平有限,书中难免有不足和错误之处,敬请读者批评指正。

编著者

2020 年 1 月 20 日

目　　录

第1章 绪 论

1.1 研 究 背 景

2014年5月,原中国人民解放军总装备部颁布了《装备通用质量特性管理工作规定》,明确了装备全寿命各阶段可靠性、维修性、保障性、测试性、安全性、环境适应性等通用质量特性工作要求。测试性属于装备通用质量特性,是指装备能及时准确地确定其状态(可工作、不可工作或性能下降),并有效隔离其内部故障的一种设计特性,已成为影响装备保障效能发挥的重要因素[1-4]。装备良好的测试性设计可以提高故障检测和故障隔离能力,大大减少故障检测和故障隔离时间,从而缩短维修保障时间,减少装备的全寿命周期费用[5-7]。近年来,复杂装备的测试性问题,已经引起了世界各国军方的高度重视[8-11]。

装备测试性工作贯穿装备的研制各个阶段,是一个兼顾管理、设计和评定的活动,如图1-1所示[12]。装备测试性设计是一个不断增长的过程,在研制过程中需要不断地进行设计与试验迭代。因此,为了最终得到装备理想的测试性水平,不仅需要精益化的测试性设计,还需要完备化的测试性验证和客观化的测试性评价。

测试性验证是指为确定装备是否达到规定的测试性要求而进行的试验工作;测试性评价是指对测试性设计指标进行评估,进而对装备的测试性水平进行评价。长期以来,由于缺乏有效技术手段与方法,装备测试性验证与评价工作难以全面开展,工程上一般采取电路板和电缆插拔等粗放式故障注入试验、框图模型仿真等方式,主要给出一些定性的评价结论,如"是/否有机

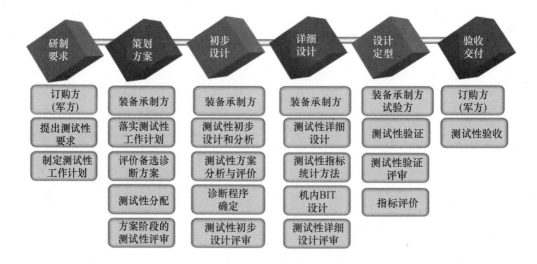

图1-1 装备研制阶段的测试性工作

内测试设计,是/否具备自检能力"等。即便有的装备给出了故障检测率、故障隔离率等定量评价指标,但是由于其试验样本数量有限,评价结果的置信度也难以保障。例如,某装备进行测试性试验时,只有23个故障样本可用,其中试验可注入故障样本数量为21个,实装试验时对21个故障样本全部实施了故障注入,结果发现该型装备能够全部检测和隔离21个故障,于是给出故障检测率为100%、故障隔离率为100%的结论,这样的结论显然是不切实际的。此外,由于测试性验证与评价工作做得不够充分,一方面导致许多设计缺陷难以及时发现,严重制约了装备测试性设计水平的提升;另一方面使得装备带着问题交付部队,势必会影响装备日常使用管理与维修保障工作。例如:国外某型飞机刚列装部队时,由于故障检测覆盖范围有限,地面测试难以覆盖全系统,造成飞机带故障飞行,曾经出现飞机坠毁事故;某型无人机,航电系统维修工时占全机维修工时的34%以上,其中故障测试和诊断时间占平均维修时间的35%~60%。

测试性验证与评价工作是装备质量提升工作的重要抓手。通过装备测试性验证与评价,可以实现三个目标:一是通过验证试验,发现、识别装备的测试性设计缺陷,采取必要的纠正措施,实现测试性持续改进与增长,提高装备质量水平;二是评价、确认装备是否符合规定的测试性定量与定性要求,为装备鉴定或验收提供重要依据,避免不合格装备"走向"部队;三是通过验证与评价工作获取有效的测试性信息,为装备使用和保障工作提供支撑,促进装备保障能力生成。

1.2 国内外研究现状分析

装备测试性验证与评价主要包含测试性验证试验和测试性指标评价,两者也是一个整体,验证试验是评价工作的支撑手段和信息来源,指标评价是验证试验的最终目的。下面对验证试验方法以及验证与评价相关技术进行说明。

1.2.1 测试性验证试验方法

测试性验证试验方法按照试验验证方式通常分为实物验证与非实物验证[13]。

1. 非实物验证

测试性非实物验证分为测试性预估和虚拟验证。

1)测试性预估

测试性预估主要通过定性模型或图解的方式来预计(估计)系统装备的测试性指标[14],一般使用定性模型、关联模型、多信号流模型、有向图和相关矩阵等定性的方式来描述系统装备的故障与测试等。

20 世纪 60 年代,DSI 公司的创始人 De Paul 提出了基于逻辑模型(Logic Model,LOGMOD)的测试性设计、仿真评估方法[15]。80 年代,ARINC 公司的 Sheppard 和防御分析协会的 Simpson 提出了基于信息流模型的测试性仿真评估方法,并以反坦克导弹为对象对该方法进行了验证[16]。90 年代,美国康涅狄格大学的 Pattipati 与 Deb 等提出了基于多信号模型的测试性仿真评估方法,并以联合攻击战斗机(JSF)等装备为对象对该方法进行了应用验证[17]。后来,DSI 公司的 Eric Gould 等对混合诊断模型的测试性仿真方法进行了研究,并以 F-22 战斗机等装备为对象对该方法进行了应用[18]。近年来,国内学者对测试性模型,特别是多信号模型开展了大量的应用研究,在不少装备上取得了一定的应用成果[19-20]。

上述模型的建模过程简单,模型浅显易懂,便于工程实现,能够较快地预计出装备的部分测试性指标。但是,由于其未考虑试验条件、故障发生随机性、测试不确定性、环境影响、维修条件等实际问题,测试性指标预计结果往往与实际值偏差较大,预计结果的置信度难以满足装备鉴定和验收要求。因而,上述方法只能作为测试性预计,难以应用于测试性验证。

2)虚拟验证

测试性虚拟验证是国内学者最先提出的,国外并没有"Testability Virtual Verification"这个词,实际上是建模仿真技术在测试性验证领域的具体应用[21]。虚拟验证也称为"基于虚拟试验的测试性验证",主要采用虚拟试验的方式进行,即在虚拟样机上实施故障仿真注入、虚拟测试、故障检测/隔离等来完成验证。

外军装备研制一直十分重视将仿真技术的应用,如美军 CV–22 直升机在研制过程中就采用了仿真技术,用于测试性试验工作[22]。美国国防部技术采办办公室专门编制了《仿真、测试与评估过程指导方针》(Simulation, Test and Evaluation Process – STEP Guidelines),用于规范仿真技术的应用。国内研究相对较晚,近年来,国防科技大学、哈尔滨工业大学、军械工程学院等单位围绕建模技术开展了相关理论方法探索。

虚拟试验是测试性验证试验技术的一个重要的发展方向。随着计算机技术、建模与仿真技术的飞速发展,基于虚拟样机进行仿真试验,可以大幅减少研制成本、缩短研制周期。但是,由于环境建模、应力仿真分析等因素的制约,虚拟验证技术距离大规模的工程化应用还有很多技术瓶颈亟待解决。

2. 实物验证

实物验证又分为实物使用验证和实物试验验证。

1)实物使用验证

实物使用验证技术指在指定试验单位(包括试验基地、靶场、飞行试验中心、部队适应性试验、部队试用等),按照批准的试验大纲,在实际使用环境或接近实际使用环境下,通过装备进行的各种试验(如定型试验、航行试验、飞行试验、专项试验等),获取足够的装备自然发生的故障及其检测/隔离数据,用规定的统计分析方法评估装备的测试性水平,判断是否满足规定的测试性要求[24]。

国内针对该方法的研究工作相对较少,国外有许多关于实物验证的成功案例,如 C–17 运输机是美国空军研制的一种主力运输机,根据该机研制合同要求,美国空军进行了一次为期 30 天的实物验证试验,共有 12 架飞机参与飞行,共飞行了近 2200h[25]。

实物使用验证表现了装备在真实环境下对故障检测/隔离情况,由于出现的故障均为自然故障,因此比模拟试验环境更为真实[26]。当然,实物使用验证方法局限性也比较明显,如容易受到装备研制周期限制、短期内暴露出的故障模式有限、试验投入较大等。

2)实物试验验证

实物试验验证主要是借助故障注入设备,对装备注入一定数量的故障,用装备测试性设计规定的测试方法进行故障检测与隔离,通过其结果来判定装备的测试性水平。

美军在 20 世纪 70 年代开始使用故障注入方式对实际装备进行测试性验证评估试验,例如:APG266 雷达系统初步评估 BIT 有效性时注入 1248 个故障,正式试验时注入了 150 个故障;APG265 雷达系统初始评估时注入 302 个故障,正式试验时注入了 95 个故障。近年来,国内也相继开展了该方法研究,一些新研型号研制中已经开始实施故障注入试验,其主要工作及流程(图 1 - 2)如下:

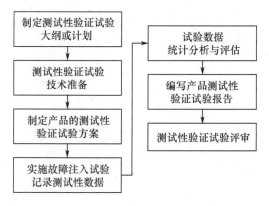

图 1 - 2　测试性验证试验流程

(1)制定受试对象的测试性验证试验大纲或试验计划。

(2)依据大纲建立测试性验证试验的组织,完成受试对象和测试设备等方面的试验准备工作。

(3)制定测试性验证试验方案。

(4)对受试对象进行故障注入试验,运行故障检测/隔离程序,并对记录的数据进行分析与确认。

（5）采用数理统计的方法对成功检测与隔离的样本数量进行分析，评估故障检测/隔离率的量值，根据试验方案进行判决。

（6）编写试验报告并组织测试性验证试验评审。

上述流程所涉及的关键技术包括故障模式影响及危害性分析（Failure Mode Effect and Critically Analysis，FMECA）、故障注入和试验方案制定等。由于该方法可以最大限度地反映装备的测试性水平，较非实物验证更加真实可靠，较实物使用试验更加灵活，是目前装备测试性验证的重要手段。因此，本书主要针对实物试验验证方法开展相关研究。

1.2.2 故障模式影响及危害性分析

FMECA 是一种专门对故障模式进行分析的方法[27]，它通过辨识和梳理系统中各个层次的子系统、单元及部件中的各种潜在的故障模式，从而判别出系统中具体的故障模式对系统本身的影响程度；还可以通过分析故障发生的原因，最终可以给出预防措施或对操作方法进行改进的建议。

FMECA 是测试性验证试验的关键技术之一，一般从底层硬件或功能两个方面依据产品的失效机理实施。在测试性验证试验中，开展 FMECA 旨在尽可能全面地鉴别出产品有可能发生的故障模式，并将这些故障模式作为试验的被选样本[28]。客观且准确的 FMECA 可以从源头上提高测试性验证与评估结果的可信度。

FMECA 作为一个既定半定性分析的可靠性工程方法，可系统地评价产品设计，在每个组件的基础上确定故障模式及其对系统功能和其他组件的影响。

FMECA 包括故障模式分析、影响分析以及危害性分析三部分，参考 MIL – STD – 470A 和 GJB – 1391 等标准，FMECA 主要分析项目及流程如图 1 – 3 所示[29–30]。

详细的 FMECA 有关要求见文献[30]，这里不再赘述。

1.2.3 故障注入技术

测试性实物试验验证的另一个关键技术是故障注入，也是核心技术。故障注入是通过人为的手段直接把故障（硬件、软件或仿真）引入被验证目标装

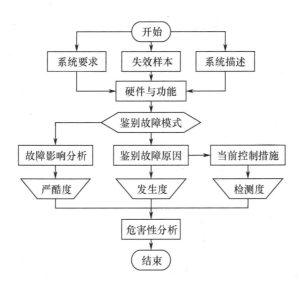

图1-3 FMECA主要分析项目及流程

备系统之中,从而缩短了故障的潜伏期,加速了系统的失效过程。通过这种方法,模拟目标装备系统在实际运行环境中可能发生的各种故障,让目标系统带着故障运行,然后通过对目标系统的运行情况、系统行为等进行观察、记录和分析。通过对预先知道的可能出现的故障模式与实际发生的故障进行比对,确定系统的错误检测覆盖率、故障延迟和故障传播情况,从而验证目标装备系统故障检测、故障隔离、系统恢复和重组等容错机制的有效性,为完善和改进对目标装备系统的设计提供重要的反馈信息[31]。故障注入技术周期体系结构如图1-4所示。

图1-4 故障注入技术周期体系结构

1. 故障注入分类

根据故障注入的方法,可以将故障注入技术分为软件故障注入技术、硬件故障注入技术(又称物理故障注入技术)和仿真故障注入技术。

1)软件故障注入技术

软件故障注入,顾名思义,主要应用于软件程序或系统之中,它所应用的目标既可以是操作系统也可以是应用程序,对二者都是以嵌入的形式实现故障注入的。软件实现的故障注入优点是不需要硬件设备的辅助,只需要先确定故障注入位置,并分析程序指令能否到达该位置即可。对硬件故障的模拟可以利用软件故障注入技术来实现,因为硬件故障有可能在 CPU、内存或总线等部位出现,利用模拟的故障可以导致软件执行错误,如访问错误的数据和执行错误的命令等。

系统的复杂性和软件本身的多样性,致使该技术在实现方法上有很多的不同。软件故障注入技术按照实现方法可以分为基于调试器的故障注入、基于驱动器原理的故障注入技术、针对特定目标和多处理器的故障注入技术等[32]。

2)硬件故障注入技术

硬件故障注入技术是指利用独立的硬件对系统实施"破坏"。一般的方法是制作专用的故障注入器,并配以适当的软件对其施加控制来实现的。从广义上讲,将故障元器件对系统内部正常元器件进行替换,使系统发生故障也可以看作硬件故障注入。常规的方法是对集成电路(IC)的管脚施加故障,包括断路、短路或者参数漂移(瞬间的标称值跳转),这些变化将引起 IC 输出的变化。如果被测系统具有若干模块,就可以通过这种方法测试各模块的反应,为完善产品设计和制作工艺提供有用信息。

3)仿真故障注入技术

仿真故障注入技术是对系统进行仿真建模,并在仿真环境下,通过对正常状态电路中指定的元器件模型进行修改,形成仿真故障模型(元器件模型重组),从而使系统模型发生故障的过程。

仿真故障注入通常以实装模型为验证对象,仿真的结果能够及时反馈给系统设计者,使其对设计加以修改。解析模型是建立系统仿真模型的有效手段,它能够对系统做很多的假设和简化,这给数学上的求解提供了极大的便利,也为模型的仿真带来了方便。大多数可信性度量(包括故障传播、系统可靠度和可用度等)都可以通过仿真故障注入来获得。同时,设计阶段的数据还可以为仿真模型提供精确的输入参数,这也在一定程度上提高了验证结果的可信性。

2. 国内外研究现状

20 世纪 70 年代,国际上首次提出了故障注入技术,并应用于检验工业容错系统设计。在这之后,该技术逐渐被人们熟知,80 年代已经被众多科研单位采用,并开始用于评价容错机制试验。90 年代是故障注入技术发展的黄金时期,得到了越来越多的学者和科研人员的关注,该技术也得到了前所未有的发展,应用也越来越广泛。国际容错计算年会作为容错领域权威的国际会议,在第 21 届(第 1 届在 1971 年)以后,每一届的论文集中都专门设有故障注入理论研讨部分,用于对该技术进行交流讨论,同时,国际上还多次举办了故障注入专题研讨大会,这些都在很大程度上促进了故障注入技术的发展。许多功能强大的故障注入工具也因此产生出来并应用于科研和工业领域,均发挥了重要作用[32]。

1)国外研究动态

美国的加利福尼亚大学、卡内基梅隆大学、杜克大学、IBM 公司、伊利诺伊大学、密歇根大学、德州农工大学、弗吉尼亚州立大学、美国航空航天局、RST 公司、Tandem 电脑公司和法国国家科学研究院等单位和研究部门有关故障注入的研究工作都处于国际领先水平。在瑞典的查尔姆斯理工大学,奥地利的维也纳大学,德国的多特蒙德大学、纽伦堡大学、卡尔斯鲁厄大学等单位也有许多从事故障注入技术研究的科研团队。同时,在澳大利亚、日本、英国和意大利等多个国家也有不少从事故障注入研究工作的人员。其中具有代表性的成果主要有[33]:

(1)FIAT:它是将故障注入程序直接插入任务源代码中,在外部中断请求时,直接从系统内部就可以注入故障。

(2)FERRAY:采用软件陷阱的方式将故障注入系统,并选择适当的时机,捕获被注入的程序。

(3)DOCTOR:将多种方法综合使故障发生,包括定时中断、陷阱触发以及修改代码等方式来注入故障,适用性更加广泛。

（4）XCEPTION 故障注入器：专门利用先进的微处理器进行故障注入的工具。这些具有性能监视和调试功能的微处理器，能够直接对目标处理器进行编程。它不仅允许对多种故障触发方式进行定义，还能够利用其内部性能监视功能详细记录故障发生以后目标处理器的行为信息。该方法很大程度上克服了其他故障注入器干扰系统负载运行的缺陷。

此外，还有一些针对性较强的故障注入工具，如 FINE[34]、JACA[35]、GOOFI[36]、NFTAPE[37]等，这里不再介绍。

综上可见，目前国外对故障注入技术的研究成果颇丰，许多故障注入工具也已投入使用并产生了一定的效益，但是研究的方向更加偏重于软件和硬件实现的故障注入技术。

2）国内研究动态

我国针对故障注入技术的研究开始得较晚。20 世纪 80 年代，哈尔滨工业大学建立的全国第一个容错计算机实验室，标志着我国开始展开对故障注入技术的研究。时至今日，该实验室仍然处于国内故障注入领域的领先地位。其研制的共 4 代 HFI 型号故障注入器已先后投入使用并取得了较好的效果[38]。近年来，国内部分科研部门认识到了故障注入技术的重要性，也开始了这方面的研究工作，其中有中国航天科技集团公司 502 所、北京航空航天大学、清华大学、中国科学院上海微系统与信息技术研究所等。

目前，国内在该领域的研究中，硬件实现的故障注入方法，主要集中在管脚级的故障注入上；软件实现的故障注入方法，主要是通过使用程序变异或者修改内存等方法来实现故障注入。

1.2.4　验证试验方案生成方法

试验方案制定也是测试性验证试验的关键技术之一。一方面，受制于装备复杂性、模块化以及故障注入技术，可以复现的故障样本有限，且存在一些可能导致系统损坏的故障模式不可注入，测试性验证试验的样本量是有限的；另一方面，由于受研制方和使用方风险、置信度以及样本充分性等限制条件，要求试验样本量需要尽可能多[28]。因此，如何平衡各方面的因素，制定合理的试验方案至关重要。现有的试验方案主要有 MIL－STD－471A 通告 2、ADA 报告、GJB 2072—94《维修性试验与评定》中正态近似试验方案、GJB

2547A—2012《装备测试性工作通用要求》中估计参数量值的试验方案、成败型定数抽样试验方案、序贯试验方案以及融合验前信息的贝叶斯试验方案等。各试验方案的优、缺点及适用条件如表 1 - 1 所列[39]。

表 1 - 1　现有测试性验证试验方案对比

试验方案		优点	缺点	适用条件
估计参数量值的试验方案		① 合格判据合理准确; ② 考虑装备组成特点; ③ 给出参数估计值	分析工作多	适用于有置信水平要求的情况,不适用有 α 和 β 要求的情况
基于二项分布	成败型定数抽样试验方案	① 合格判据合理准确; ② 明确规定 n 和 c	① 未给出参数估计值; ② 未考虑装备组成特点	适用于内场故障注入试验,验证有双方风险要求的测试性参数值,不适用于有置信水平要求的情况
	最低可接收值试验方案	① 合格判据合理准确; ② 考虑装备组成特点	没有考虑生产方风险	适用于内场故障注入试验,验证有置信水平要求的测试性参数的最低可接受值,不适用有 α 要求的情况
	成败型截尾序贯试验方案	① 合格判据合理准确; ② 样本量需求较小	① 未给出参数估计值; ② 试验方案确定复杂	适用于内场故障注入试验,验证有双方风险要求的测试性参数值,不适用于有置信水平要求的情况
正态分布近似	MIL - STD - 471A GJB 2072—94	简单易行	评估准确度不够	适用于有置信水平要求的情况,不适用有 α 和 β 要求的情况
融合验前信息	基于贝叶斯理论的试验方案	① 合格判据合理准确; ② 显著减少样本量	① 仅能确定单一试验类型样本量; ② 多源验前信息影响评估的信度和有效性	适用于内场故障注入试验,验证有双方风险要求的测试性参数值

上述方案中,基于正态分布近似的试验方案存在评估精确度不够的缺点,特别是当测试性指标真值在 0.9 附近时,评估准确性较差,且不能考虑双方风险[40]。估计参数量值的试验方案分析工作过多,虽然能够准确地给出测试性指标的点估计和单侧置信下限,但是无法用于有双方风险要求的场合。成败型定数抽样试验方案适用于有双方风险要求的情况,但无法考虑置信水平,且样本量需求较大。最低可接受值试验方案不能考虑生产方风险。成败型截尾序贯试验方案虽然在保证考虑双方风险的情况下,需要的平均样本量比较小,无法给出测试性指标的估计值,没有考虑置信水平。基于贝叶斯理论的试验方案仅能确定单一试验类型的样本量,而且验前信息的多源性会影响指标评估的可信度。

1.3   存在的问题与建议

近年来,在新装备研制过程中军地双方都认真关注装备通用质量特性,特别是测试性设计,强化需求牵引的设计理念,加强专项队伍建设,改变了以往装备研制以功能实现为主的模式,从方案阶段就开始加大测试性设计工作,提高装备测试性设计水平,全面落实装备"好用、管用、耐用、实用"的使用要求,取得了很好效果,新装备测试性水平得到明显提升。但是,从装备列装部队后实际使用效果分析,在测试性设计方面仍然存在很多问题,如装备故障检测覆盖范围有限,很多故障隔离定位困难,部分测试点预留不够合理,导致装备维修保障难度增大等[13,28,41]。究其原因主要有三个方面:

(1)装备测试性验证与评估仍存在技术瓶颈。装备测试性验证与评估试验需要在装备故障状态下进行,新型装备大多具有结构复杂、功能多样等特点,故障模式复杂、故障类型多样(包括总线信号故障、模拟信号故障、数字信号故障、电源故障等多种类型),准确复现这些多样化的故障模式,并保证故障特征的真实性、故障模式的标准化、故障信号的准确性和故障模拟的通用性存在很大困难;此外,在复杂装备结构中寻找合适的位置,对故障实施有效加载,让故障能够有效进行传播,也是限制装备测试性验证与评估工作的技术瓶颈之一。

（2）装备测试性验证与评估手段仍不完善。当前我军装备测试性验证与评估手段建设正处于起步阶段，现有测试性验证手段主要是解决故障模拟问题，没有形成对测试性验证与评估工作的全面覆盖；实装试验环境不仅人力、物力投入大，当某一分系统不在试验现场或未完成研制时，无法开展试验，时效性和经济性差。我军尚未建立完善的装备测试性验证与评估试验手段，无法准确定量评估装备测试性水平，不能确保装备测试性设计要求落到实处；同时，由于不能及时发现装备测试性设计方面存在的缺陷和问题，也影响了装备测试性增长。

（3）装备测试性验证与评估标准规范仍不完备。我军现有装备测试性设计分析与评估规范主要来源于国外同类标准的吸收和转换，存在许多不足。在样本量确定、样本选取与抽样、指标评估等关键环节约束不统一，没有规定测试性外场评价的统一方法；在测试性验证与评估试验操作方面，现有标准仅给出了试验的工作原则和要求，没有具体试验方法，对于故障注入只列出了可能采取的故障模拟策略，没有说明如何实施，难以有效指导和规范装备测试性验证与评估工作。

因此，为了进一步提升我军装备的测试性验证与评估工作水平，建议做好以下四个方面工作：

（1）建立并轨融合管理机制。要加强装备全寿命管理机制建设，创新装备科研订购、维修保障工作之间并轨融合的工作模式。具体来说，围绕装备测试性验证与评估工作：一是在装备研制初期，就要明确装备科研订购、维修保障等各部门的职责要求和任务分工，通过建章立制来消除体制障碍和技术壁垒，打通各级工作沟通的链路和信息交互的渠道；二是要充分发挥装备保障部门技术力量的桥梁作用，在研制、试验、生产等关键节点，加强装备测试性评估与试验验证，推动管理协调和技术交融，通过装备保障前伸，实现装备研制生产技术资源和维修保障技术资源的良性互动、融合发展。

（2）构建科学有效试验体系。在装备全寿命周期内，综合应用虚拟仿真和样机故障注入等方式，建立测试性验证与评估方法体系，对装备机内测试和外部测试的故障检测率、故障隔离率以及虚警率进行考核，并将考核结果作为装备转阶段评审的重要依据。可以充分借鉴国内外典型型号装备测试性试验做法，将测试性验证与评估试验分为研制试验、定型试验和反推试验：

研制试验阶段主要为了发现产品测试性设计缺陷,识别产品测试性设计薄弱环节,改进产品的测试性设计,实现产品的测试性增长,同时能够完善产品设计图样、FMEA 报告、维修手册等,实现产品综合保障能力的提升;定型试验阶段是在产品完成研制试验,进行测试性设计改进和试验迭代后开展,主要为了考核产品的测试性设计指标,确定产品的定型状态;反推试验阶段是在产品交付部队后,通过对使用保障数据的分析,进一步发现和识别产品测试性设计薄弱环节,为下一批装备的测试性设计改进工作提供支撑。

(3)注重试验方法手段配套。针对装备测试性验证与评估工作需求,在试验方法和手段配套方面:一是做好试验方法研究,目前,GJB 2547A—2012《装备测试性工作通用要求》并未对测试性验证试验方案进行规定,在典型型号开展测试性验证试验时,目前主要参考的是 GJB 2072—94《维修性试验与评定》、GB5080.5—1985《设备可靠性试验 成功率的验证试验方案》等标准完成样本量确定、样本量分配和指标评估,下一步需要对这些方法的合理性、适用性进行充分验证,最终建立装备测试性验证与评估试验方案确定方法;二是做好辅助软件的开发工作,辅助工具是相关技术标准工程化应用的重要手段,因此,要紧密结合 GJB 2547A—2012《装备测试性工作通用要求》标准有关要求,充分借鉴美国 QSI 公司的 TEAMS 和 DSI 公司的 eXpress 设计思想,开发适用于我军装备测试性工程实际的建模和模型分析、设计指标评估等工具;三是做好故障注入技术研究工作,故障注入就是通过故障注入器模拟出装备可能产生的故障,然后通过加载设备准确注入装备中,让装备产生失效,它是测试性试验与验证的基础,常用的故障注入包括硬件故障注入和软件故障注入,随着装备的发展,一些新型电路和通信总线将会不断得到应用,因此,故障注入技术研究要紧跟装备发展要求,同步建立适应新装备要求的故障注入手段。

(4)面向实战要求综合考核。一方面,装备的测试性设计应面向实战的试验环境,并以此为依据来考核装备测试性设计的真实性和有效性,进一步解决单装考核、保障资源同步考核、半实物仿真环境考核以及体系联合考核等问题;另一方面,由于综合化已成为装备通用质量特性技术发展的主要趋势,各种技术的相互渗透、相互影响,全面促进了现代武器装备设计、制造、维修和保障过程的综合化,出现了多学科综合设计,即充分利用多学科之间的相互作用所产生的协同效应获得整体性能最优的装备。因此,在工程设计综合化的需求下,武器装备的测试性设计、验证与评估必须结合其他特性,实现可靠性、安全性、维修性、测试性、保障性和环境适应性(简称"六性")一体协同化建设,并逐步开展"六性"一体化试验验证。

第2章 测试性验证试验工作内容与要求

2.1 GJB 2547A—2012《装备测试性工作通用要求》标准解读

目前,我军装备测试性工作可以执行的国家军用标准主要有三个:一是 GJB 3385—1998《测试与诊断术语》,主要实现与 IEEE 1232 标准的信息交互;二是 GJB/Z 1391—2006《故障模式、影响及危害性分析指南》,主要规定了 FMECA 分析的程序和方法;三是 GJB 2547A—2012《装备测试性工作通用要求》,主要规定了测试性工作的计划、确定诊断方案和测试性要求、进行测试性设计与评价、实施测试性评审的统一方法。GJB 2547A—2012《装备测试性工作通用要求》标准是对 GJB 2547—1995《装备测试性大纲》的修订完善,在标准可执行方面有了大幅改进,是目前我军装备测试性工作的最新标准,下面从两个方面对标准进行解读。

2.1.1 工作目标与工作界面

GJB 2547A—2012《装备测试性工作通用要求》标准的工作目标是:确保研制、生产或改型的装备达到规定的测试性要求;提高装备的性能监测与故障诊断能力,实现高质量的测试,进而提高装备的战备完好性、任务成功性和安全性;减少维修人力及其他保障资源,降低寿命周期费用;为装备寿命周期管理和测试性持续改进提供必要的信息[42]。

围绕以上工作目标,该标准规定了装备全寿命周期内,装备订购方(军方)、承制方(研制生产方)和第三方试验机构的职责分工和任务界面,如

图 2 - 1 所示。

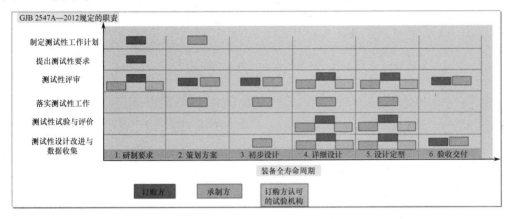

图 2 - 1　GJB 2547A—2012《装备测试性工作通用要求》确定的工作界面

2.1.2　工作项目与工作内容

GJB 2547A—2012《装备测试性工作通用要求》标准确定的工作项目主要包括五个方面(图 2 - 2)：一是确定测试性及其工作项目要求；二是测试性管理；三是测试性设计与分析；四是测试性试验与评价；五是使用期间测试性评价与改进[42]。

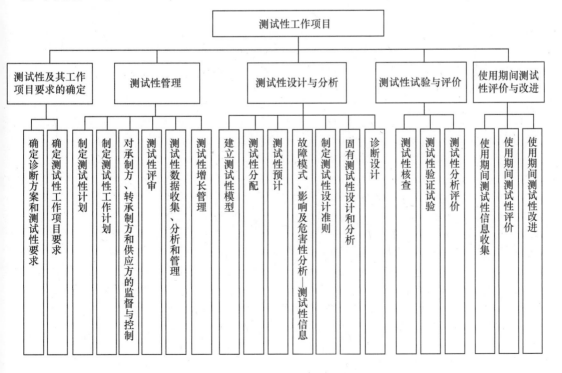

图 2 - 2　测试性工作项目

1. 确定测试性及其工作项目要求

（1）确定装备诊断方案。装备故障诊断通常采用嵌入式诊断和外部诊断两种方式,因此,装备诊断方案构成如表 2 - 1 所列[42]。基于任务需求、部队装备使用管理与维修保障实际,以及研制经费和周期等,权衡确定装备诊断方案。

表 2 - 1 装备测试性诊断方案构成

诊断方案	嵌入式诊断	外部诊断	
		自动测试	人工测试
组成要素	测试点	测试点	测试点
	传感器	传感器	传感器
	BIT 硬件电路	检测插头/插座	通用测试设备
	BIT 软件	测试程序集(TPS)	测试工具和装置
	中央计算机	专用 ATE	测试流程图
	BIT 信息存储、记录装置	专用测试设备	诊断手册
	故障信息显示、报警装置	便携式辅助维修设备(PMA)	人员技能等级等

（2）确定装备测试性要求。装备测试性要求包括定性要求和定量要求。

定性要求一般包括测试性设计方面的符合性要求等,如合理划分功能与结构、测试点设置、性能监测要求,故障信息指示、上报、存储等要求,与外部测试诊断、兼容性、维修能力要求等。

定量要求一般应包括故障检测率、故障隔离率、虚警率等技术指标。

2. 测试性管理

GJB 2547A—2012《装备测试性工作通用要求》规定了如下 6 个测试性管理的工作项目[42]:

（1）制定测试性计划。订购方在装备立项综合论证时开始制定测试性计划,然后不断完善。主要内容包括:要达到的目标、做些什么,如何做,做到何种程度,何时开始做、何时结束、有谁来做、谁配合等,如图 2 - 3 所示。

（2）制定测试性工作计划。承制方根据合同要求和测试性计划,在研制早期开始制定测试性工作计划,然后不断完善。主要内容包括合同要求的测试性工作、每一项工作的实施细则、管理机构职能与权限、信息管理要求等,如图 2 - 4 所示。

（3）对承制方、转承制方和供应方的监督和控制。明确了装备合同中约

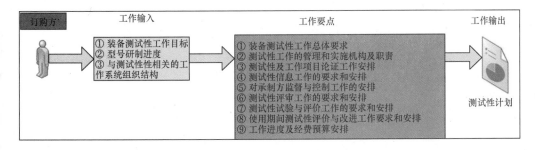

图 2-3　制定测试性计划

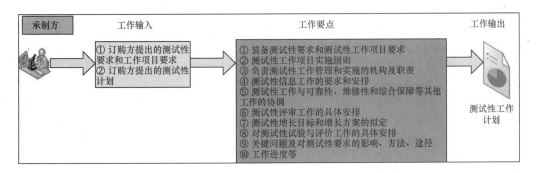

图 2-4　制定测试性工作计划

束的测试性要求及其落实情况、测试性工作计划进展情况、设计文档及其执行情况、设计评审等,便于实施过程监管和质量控制。

(4) 测试性评审。明确了转阶段评审、按合同要求对承制方和转承制方的评审、内部评审等的程序和要求,如图 2-5 所示。

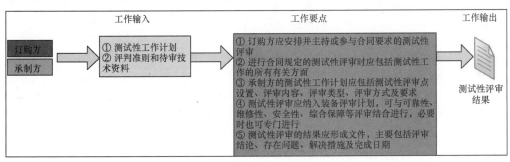

图 2-5　测试性评审

(5) 测试性数据收集、分析和管理。明确了测试性数据收集的内容和要求,以及数据的分析与评价过程。

(6) 测试性增长管理。明确了测试性增长的时机、内容和信息管理要求等。

3. 测试性设计与分析

测试性设计与分析主要包括：

（1）建立测试性模型；

（2）测试性分配；

（3）测试性预计；

（4）故障模式、影响及危害性分析；

（5）制定测试性设计准则；

（6）固有测试性设计与分析；

（7）诊断能力设计。

4. 测试性试验与评价

测试性试验与评价主要包括：

（1）测试性核查；

（2）测试性验证试验；

（3）测试性分析评价。

5. 使用期间测试性评价与改进

使用期间测试性评价与改进工作主要包括：

（1）使用期间测试性信息收集；

（2）使用期间测试性评价；

（3）使用期间测试性改进。

2.2　概念与定义

（1）测试性验证试验：在装备研制阶段，按事先设计好的试验方案，在受试样件上实施故障注入，并通过规定的方法进行实际测试诊断、对产生的结果进行判断是否符合预期，并根据试验结果进行测试性评价的试验过程。

（2）故障注入：对受试样件模拟故障的行为。

（3）备选故障样本库：所有备选故障样本的集合，试验样本都从该库中进行抽取。

（4）试验样本量：根据试验方案中样本量的确定方法确定的样本量。

（5）备选样本量：备选故障样本库中故障样本总数。

（6）试验用例：对试验样本中可注入故障样本编制的指导试验实施人员进行故障注入操作的操作步骤及相关信息的集合，并以表格的形式给出。

（7）不可注入故障：符合下列故障模式之一为不可注入故障：

① 注入后难以复位；

② 易对受试装备产生破坏；

③ 注入后对装备产生附加影响；

④ 故障注入方式受限。

2.3　测试性验证试验一般要求

2.3.1　试验原则

装备测试性验证试验应遵循下列原则：

（1）测试性验证试验应在装备研制阶段进行；

（2）测试性鉴定试验应在装备设计定型阶段进行；

（3）测试性验证试验所注入故障不应包含有不可注入故障；

（4）测试性验证试验实施中，每个试验用例执行前后都应保证受试装备处于完好状态。

2.3.2　试验场所选取

装备测试性验证试验需在经过使用方认可的具备装备测试性验证试验资格的第三方实验室进行。

2.3.3　实验室环境条件

在测试性验证试验过程中，实验室条件不应给受试装备引入故障，且满足 GJB 150.1—86《军用装备实验室环境试验方法总则》标准要求。

2.3.4　试验环境条件

测试性验证试验应能够模拟受试装备真实的运行环境、自然环境和电气环境。由于装备在不同工况下的测试诊断能力有所差别，因此测试性验证试验应能够模拟装备不同的运行工况。

2.3.5 试验设备

测试性验证试验设备应主要包括故障注入设备、信号采集设备、激励设备、试验电源、通用测试仪表、工具和相关工具软件等。各试验设备应满足研制试验的执行需求、参数要求和安全性要求等。在试验中,应使用同一或相同的试验设备,保证设备之间的兼容性和结果的一致性。选定的试验设备应满足:

(1) 经计量检定合格,且在计量检定有效期内;
(2) 应覆盖受试装备的信号类型;
(3) 测量与控制精度应大于受试装备的测量与控制精度;
(4) 具备与受试装备相互匹配的接口特性(机械与电气特性);
(5) 对受试装备应具有电气保护作用。

2.4 测试性验证试验详细要求

2.4.1 试验件及技术状态

测试性验证试验中的所有试验件由相关研制单位提供,验证试验的试验件应为样机阶段试验件,可采用可靠性试验件(可靠性强化试验件除外)或进行其他试验的试验件,但其技术状态应调整到与正常件状态一致,且其规定的有关技术文件资料齐全,配套接口设备齐全,满足开展试验要求。

2.4.2 总体工作流程

装备测试性验证试验的总体工作应包括五个阶段开展,即试验策划、试验设计、试验准备、试验实施和结果报告,如图2-6所示。

2.4.3 试验策划

试验策划阶段,各试验单位应明确各受试装备的试验主管,并由试验主管进行总体规划。编制《测试性验证试验工作通用要求》,对试验各阶段相关

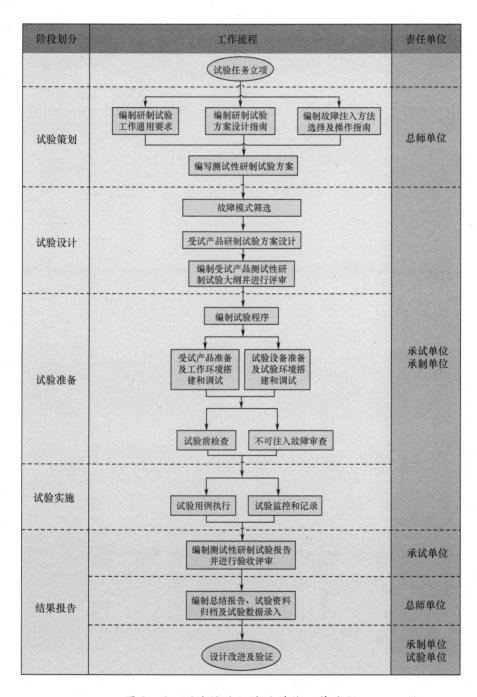

图 2-6　测试性验证试验总体工作流程

工作项目的内容及要求进行规定,以指导各相关单位开展测试性验证试验工作。测试性试验策划流程如图 2-7 所示。

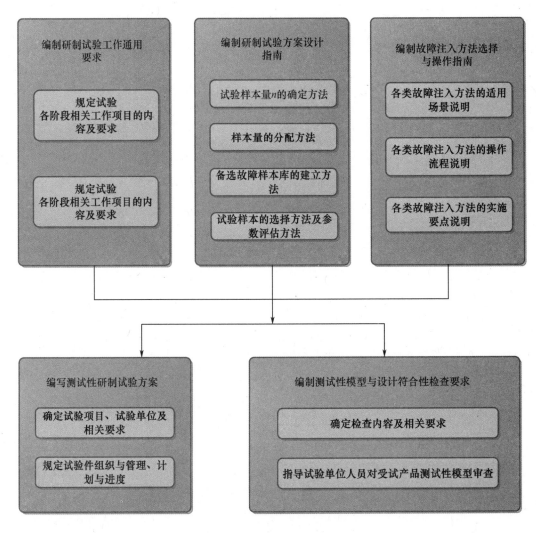

图 2 - 7 测试性试验策划流程

2.4.4 试验设计

试验设计流程如图 2 - 8 所示。

1. 故障模式筛选

在试验大纲编制前,应对受试装备的 FMECA 报告进行分析,受试装备不应具有下列故障模式:

(1)受试装备定型后不再使用的功能电路对应的故障模式;

(2)受试装备当前技术状态没有包含的功能对应的故障模式;

(3)受试装备多余未使用的针、管脚对应的故障模式。

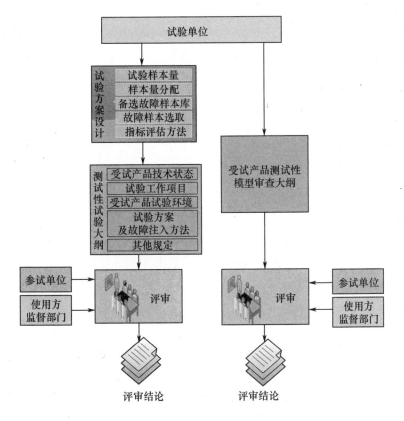

图 2-8　试验设计流程

注:以上三种情况的故障模式不作为测试性试验考核的对象,即不参与试验方案的设计。

2. 试验方案设计

试验开始前,应由试验单位根据相关试验规范确定受试装备的统计试验方案,并在试验大纲中进行明确。受试装备试验方案应包括下列内容:

（1）试验用故障样本量的大小;

（2）试验用故障样本量的分配结果;

（3）备选故障样本库;

（4）故障样本的抽样结果;

（5）试验结束后相关测试性指标的评估方法。

3. 试验大纲编制

试验开始前,应由试验单位依据相关文件要求编写试验大纲,履行相关签字手续并经过评审。受试装备的测试性试验大纲应包括下列内容:

（1）试验目的；

（2）适用范围；

（3）编制依据；

（4）任务来源；

（5）试验件及技术状态；

（6）故障模式筛选；

（7）统计试验方案；

（8）实验室环境条件；

（9）受试装备说明；

（10）试验条件；

（11）试验判据；

（12）不可注入故障；

（13）试验监控；

（14）试验记录；

（15）试验报告；

（16）组织管理；

（17）其他。

注：针对受试装备编制的《测试性试验大纲》是进行测试性试验的基本依据，所有试验应严格按照测试性试验大纲中规定的条件和要求执行。

4. 试验条件

受试装备的试验条件主要包括试验设备和试验环境。试验设备主要指对受试装备进行测试性验证的设备，试验环境主要指完成具体试验项目所需的试验系统。

5. 试验判据

试验判据主要包括受试装备完好状态判据、故障检测成功判据及故障隔离成功判据，这些判据应能够帮助试验人员对相关状态进行准确判断。

6. 不可注入故障审查

审查前，应确定不可注入故障审查方案，审查方案主要应包含两方面内容：一是测试性相关设计资料的审查，以确定各不可注入故障样本是否进行了相应的测试性设计，以及各设计方案能否真正实现对应故障样本的检测与隔离;二是设计与实物的符合性检查,以确定实物是否正确贯彻了测试性设计。

不可注入故障审查应在试验设计阶段开展,由各试验单位负责对其承试装备中的不可注入故障按照大纲中规定的审查方案开展审查工作,并将审查结果按照试验记录的相关要求进行记录。

7. 试验监控

应对测试性试验过程进行监控,主要包括试验设备的监控、受试装备的监控、受试装备故障处理程序及试验设备故障引起的中断处理程序等,并在试验大纲中对试验过程监控的相关要求进行明确。

8. 试验记录

应对测试性试验过程中产生的试验数据进行记录。试验记录数据一般包括:

1) 不可注入故障审查数据

不可注入故障审查结束后,应将审查结果记录在"不可注入故障审查表"中,表格模板见表 2 - 2。

表 2 - 2　不可注入故障审查表(样表)

审查表编号		
审查时间		记录人	
受试装备名称		
不可注入故障样本	编码	
	所属组成单元	
	所属故障模式名称及编码	
	检测方法	□在线 BIT　□加电 BIT　□启动 BIT　□人工检 □内场测试设备
	不可注入原因	□注入后难以复位　□易对受试装备产生破坏 □注入后对装备产生附加影响　□故障注入方式 受限　□其他
故障影响	自身影响	
	高一层次影响	
	最终影响	
审查资料		

（续）

审查结果	故障检测	是否成功	□是　　　　□否
		原因说明	
	故障隔离	隔离模糊组	
		失败原因	
	故障响应	是否上报	□是　　　　□否
		上报内容	
		响应输出	
	故障存储	是否存储	□是　　　　□否
		存储描述	
签字栏			

填表说明：

审查表编号：填写该不可注入故障审查表编号，应对每份不可注入故障审查表进行编号，编号规则各试验单位自定。

审查时间：填写不可注入故障审查时间，即某年某月某日。

记录人：填写不可注入故障审查表的人员姓名。

受试装备名称：填写受试装备的名称。

不可注入故障样本：

编码：填写该不可注入故障样本的编码，应在审查前由试验单位人员事先填好。

所属组成单元：填写该不可注入故障样本所属的组成单元的名称，应在审查前由试验单位人员事先填好。

所属故障模式名称及编码：填写该不可注入故障样本所属的故障模式的名称及编码，应在审查前由试验单位人员事先填好。

检测方法：选择该不可注入故障样本的检测方法，应在审查前由试验单位人员事先填好。

不可注入原因：选择该不可注入故障样本的不可注入原因，应在审查前由试验单位人员事先填好。

故障影响：填写该不可注入故障样本的故障影响，包括自身影响、高一层次影响及最终影响，应在审查前由试验单位人员事先填好。

审查资料：填写该不可注入故障样本需要检查的相应的测试性设计资料，具体到资料编号、图样图号、电路板编号、软件版本号等，应在审查前由试验单位人员事先填好。

审查结果：

故障检测：根据审查专家组审查的结果填写，若检查结果为能够成功检测，则在"是"一栏画"√"，否则在"否"一栏画"√"，对于检测失败的，应给出失败原因。

故障隔离：根据审查专家组审查的结果填写相应的隔离模糊组，如果隔离失败，则应给出失败原因。

故障响应：根据审查专家组审查的结果填写故障响应的相关信息，包括故障能否上报，如果能上报，则在"是"一栏画"√"，同时给出上报内容及响应输出，否则在"否"一栏画"√"。

故障存储:根据审查专家组审查的结果进行填写,该故障能否存储,如果能存储,则在"是"一栏画"√",同时给出存储描述,否则在"否"一栏画"√"。

签字栏:由试验单位的试验主管人员和技术负责人共同签字确认。

2)注入故障数据

试验用例执行过程中,应及时将注入故障数据记录在"注入故障数据记录表"中,表格模板见表 2 - 3。

表 2 - 3　注入故障数据记录表(样表)

表格编号				
试验日期		试验地点		
记录人		对应试验用例编号		
受试装备名称		受试装备型号		
试验件编号				
故障注入确认	是否成功	□是　　　□否		
	成功描述			
	失败原因			
结果	故障检测	是否成功	□是　　　□否	
		失败原因		
	故障隔离	隔离模糊组		
		失败原因		
	虚警	是否虚警	□是　　　□否	
		虚警类型	□Ⅰ类　　□Ⅱ类	
	故障响应	是否上报	□是　　　□否	
		上报内容		
		响应输出		
	故障存储	是否存储	□是　　　□否	
		存储描述		
受试装备	故障撤销后实际检测结果			
	完好状态确认	□是　　　□否		
参试人员				
备注				
签字栏				

填表说明：

表格编号：填写该注入故障数据记录表的编号，应对每份故障注入数据记录表进行编号，编号规则各试验单位自定。

试验日期：填写该故障样本注入的日期，即某年某月某日。

试验地点：填写执行该故障样本注入的地点。

记录人：填写注入故障数据记录人的姓名。

对应试验用例编号：填写该故障样本对应的试验用例或更改用例的编号。

受试装备名称：填写执行故障注入操作的受试装备的名称。

受试装备编号：填写执行故障注入操作的受试装备的编号。

试验件编号：填写执行故障注入操作的受试装备试验件的编号。

故障注入确认：根据试验用例中给出的故障注入确认判据判断该故障样本是否成功注入，如果成功注入，则在"是"一栏画"√"，并且以图形、数据等形式给出成功的描述，否则在"否"一栏画"√"，并给出失败原因。

结果：

故障检测：根据试验用例中给出的故障检测判据判断该故障检测是否成功，如果检测成功，则在"是"一栏画"√"，否则在"否"一栏画"√"，并给出失败原因。

故障隔离：根据试验用例中给出的故障隔离判据判断该故障隔离模糊组，如果隔离失败，则应给出失败原因。

虚警：判断是否为虚警，如果是虚警，则给出虚警的类型。

故障响应：判断故障能否上报，如果能上报，则在"是"一栏画"√"，同时给出上报内容及响应输出，否则在"否"一栏画"√"。

故障存储：判断该故障能否存储，如果能存储，则在"是"一栏画"√"，同时给出存储描述，否则在"否"一栏画"√"。

受试装备：

故障撤销后实际检测结果：填写故障撤销后，受试装备实际的相关参数的检测结果。

完好状态确认：通过对完好状态下相关参数信息与故障撤销后实际检测结果的对比，可得出受试装备在故障撤销后是否处于完好状态，若是完好状态，则在是一栏画"√"，否则，在否一栏画"√"。

参试人员：填写所有参试人员的姓名。

签字栏：由试验主管人员签字确认。

3）自然故障数据

对试验实施过程中发生的自然故障应进行记录，自然故障数据同样记录在"受试装备故障报告表"中，表格模板见表2-4。

表 2-4　受试装备故障报告表(样表)

故障报告表编号		
故障日期		记录人	
受试装备	名称	
	型号	
故障发现时机	实验室环境条件	
	累计故障注入次数	
	最后一次故障注入样本编码	
	最后一次故障注入方法及实现方式	
发现方式	□在线 BIT　□加电 BIT　□启动 BIT　□人工　□内场测试设备　□其他	
故障原因		
故障现象		
故障所属组成单元	名称	
	故障模式	
故障类型	□非关联故障关联故障:□自然故障　□虚警	
	检测是否成功	□是　□否
	失败原因	
	隔离模糊组	
	是否上报	
	是否存储	
	存储描述	
故障处理	□换件　□修理	
修理措施		
修理后测试结果		
签字栏		

填表说明:

故障报告表编号:填写该故障报告表的编号,应对每份故障报告表进行相应编号,编号规则各试验单位自定。

故障日期:填写发现该故障的日期,即某年某月某日。

记录人:填写填表人的姓名。

受试装备名称及型号:填写受试装备的名称和型号。

故障发现时机：

实验室环境条件：填写该故障发生时实验室的环境条件。

累计故障注入次数：填写故障发生时受试装备累计的故障注入总次数。

最后一次故障注入样本编码：填写故障发生时最后一次故障注入样本的编码。

最后一次故障注入方法及实现方式：填写故障发生时最后一次注入故障的注入方法及具体的实现方式。

发现方式：选择发现该故障的方式。

故障原因：对发生的故障进行相应的原因分析。

故障现象：发生故障时受试装备的表象或相关参数值。

故障所属组成单元：填写该故障所属的组成单元名称及故障模式。

故障类型：根据故障原因判断本次故障所属的故障类型，在相应栏内画"√"；同时对检测、隔离、存储等信息进行填写，如果是关联故障，还应区分是自然故障还是虚警。

故障处理：选择处理故障的方法，在相应栏内画"√"。

修理措施：对于故障处理方法为"修理"的，应给出实施修理的具体措施。

修理后测试结果：修理完成后，应对故障装备进行测试，确认故障装备恢复正常状态，并记录检测结果。

签字栏：由试验主管人员签字确认。

9. 组织与管理

组织与管理主要包括组织机构及任务分工、试验场地、试验时间等内容。

2.4.5 试验准备

试验准备的流程如图 2 - 9 所示。

1. 试验程序编制

试验实施开始前，试验单位应依据受试装备的《测试性试验大纲》编制受试装备的《测试性试验程序》，并在试验前检查工作中进行评审，评审通过后，方可指导试验的具体操作。

受试装备的测试性试验程序主要包括下列内容：

（1）适用范围；

（2）编制依据；

（3）受试装备及技术状态说明；

（4）试验条件；

（5）试验用例及执行顺序；

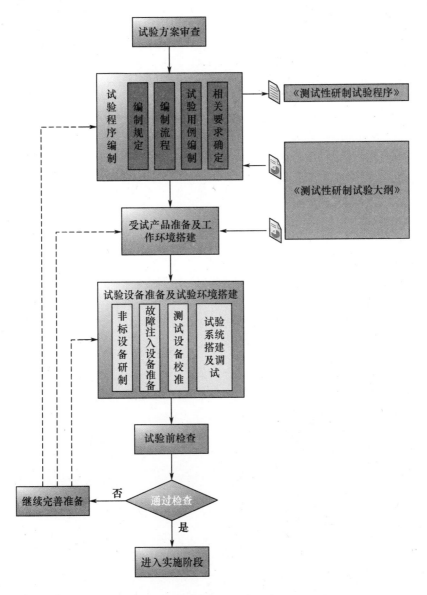

图 2-9　试验准备流程

（6）试验工作组；

（7）其他。

注：针对受试装备编制的《测试性试验程序》是指导试验人员进行试验实施的依据，所有测试性试验的实施都应严格按照《测试性试验程序》中规定的程序和要求执行。

2. 试验用例编制

（1）编制要求。依据试验大纲，试验单位编写试验用例，用以指导试验的开展。试验用例以表格的形式给出,主要内容一般包括用例编号、故障样本的相关信息、试验判据的相关信息、故障注入的相关信息、试验条件的相关信息等。

(2) 更改要求。对于执行过程中无法达到预期故障注入效果的试验用例,应向试验主管报告,经批准后方可调整其故障注入方法,以达到预期的故障注入效果。对于调整的试验用例,应将调整内容以更改单的形式给出,并经试验主管签字确认。

3. 试验用例执行顺序

试验用例执行顺序的确定应综合考虑各故障注入方法的难易程度及对受试装备可能产生的影响程度等因素。没有特殊情况,不得改变执行顺序。每个试验用例也应严格按照用例中的详细操作步骤执行。

4. 受试装备准备及工作环境搭建

试验开始前,应按照各试验单位试验件进场的相关要求组织试验件进场,并由装备承制单位人员负责受试装备工作环境的搭建及调试工作,受试装备工作正常后方可开展试验。

5. 试验设备准备及工作环境搭建

(1) 非标设备研制。试验开始前,如果试验中需要用到特定的非标设备,应提出非标设备的研制需求,并开展研制工作。设备研制完成后,应按照相关要求对非标设备进行检测和测试,合格后方可投入使用。

(2) 故障注入设备准备。试验开始前,应准备好试验中需要用到的相关故障注入设备,并对这些设备进行检测和测试,合格后方可投入使用。

(3) 测试设备校准。试验开始前,应对试验大纲中参试设备清单中的测试设备按照试验大纲中质量及技术安全保证措施中的相关要求对这些设备进行校验,合格后并确保在有效期内方可投入使用。

(4) 试验系统搭建及调试。试验开始前,应按照试验大纲中试验系统的搭建及调试的相关要求对试验系统进行搭建和调试。

6. 不可注入故障审查

在试验准备阶段,由试验单位按照试验大纲中不可注入故障审查方案对确定的不可注入故障进行审查,并记录审查结果。

7. 试验前审查

试验开始前,应按试验大纲的相关要求组织试验前检查。检查内容主要包括:

(1) 受试装备的技术状态及完成的相关工作是否满足试验大纲的要求;

(2) 试验程序是否满足试验大纲的要求;

(3) 测试设备和故障注入设备的检测结果和状态情况;

(4) 受试装备的技术文件资料是否齐全;

(5) 试验前发现的问题和故障的情况汇总及归零情况;

(6) 质量及技术安全保证措施是否完善;

(7) 其他有关项目。

2.4.6　试验实施

1. 一般要求

测试性验证试验的一般要求包括:

(1) 试验实施由不少于两名经过相应专业培训的人员执行。

(2) 试验过程实施包括故障注入抽样、故障注入、监测记录三个方面。

(3) 当试验需要进行更改时,应由试验主管人员提出试验更改要求和更改类别,并负责对试验更改进行充分的论证和验证;试验更改应保证更改内容的正确以及与其他设计文件的协调一致;试验更改应由试验主管人员具体实施,技术负责人把关。当无法执行这一要求时,由技术负责人授权人员进行更改。

(4) 对试验中发现的问题,由试验主管采取相应的纠正和预防措施;对发现的问题、采取的措施及验证情况都要形成记录。

2. 实施流程

测试性试验实施流程如图 2-10 所示。

3. 试验用例执行

按照试验程序中试验用例的执行顺序及各试验用例的详细操作步骤执行试验用例。

4. 试验监控

按照试验大纲中的试验监控要求,对试验过程实施监控,并对监控过程

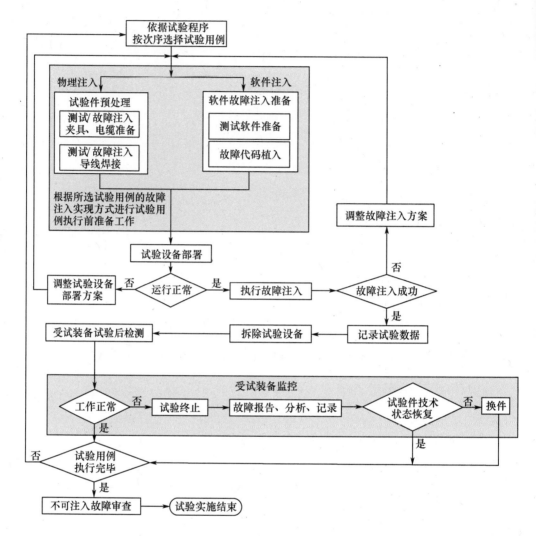

图 2 - 10　测试性试验实施流程

及遇到问题的处理结果进行相应记录。

1）试验设备监控

在试验实施过程中,承试单位应始终使试验设备处于连续监控状态,并对环境条件进行记录。试验过程中应由承试单位填写"试验日志",记录受试产品和试验设备的运转情况。

2）受试装备监控

在试验实施过程中,承试单位应保证在每执行完一次故障注入操作(故障撤销)后,由承试单位和承制单位参试人员对受试装备的状态进行检测并将检测结果记录在"注入故障数据记录表"中。

3）受试装备故障处理程序

对在试验过程中（故障撤销之后或故障注入前）发生的故障,处理流程（图2-11）如下:

（1）发生故障后,应暂停试验,并立即向试验主管报告。

（2）由试验主管组织受试产品承制单位人员及试验单位人员共同对受试产品的故障进行分析,确定故障件,并给出故障原因。

（3）根据故障原因确定故障类型,是非关联故障还是关联故障。非关联故障是指由外界因素引起,即由于误操作、试验设备、故障注入操作、其他系统或非正常外界环境因素等引起。关联故障是指由故障件本身缺陷引起,即由于设计缺陷或制造工艺不良、元器件潜在的缺陷致使元器件失效等引起。

（4）根据故障原因由受试产品承制单位人员及试验单位人员共同提出故障件的处理方式,处理方式包括换件及修理。

（5）对于故障处理方式为"换件"的,如果新试验件与原试验件技术状态一致,且判断受试产品故障不是因为故障注入引起的,则从故障时的试验样本开始继续试验;如果判断受试产品的故障是由当前注入的故障引起的,则从该样本的下一个试验样本开始试验,该样本改为通过测试性设计资料审查的方式进行判断是否能够正确检测/隔离。

（6）对于故障处理方式为"换件"的,如果新试验件与原试验件技术状态不一致,则应将已经注入过的所有试验样本中与新技术状态有关的试验样本全部重新注入;同时,按照有关原则继续试验。

（7）对于故障处理方式为"修理"的,则应制定修理方案并实施修理措施,修理完成后,应对故障件进行检测,检测合格后,同样按照有关原则继续试验。

（8）由试验单位将以上相关信息填写入"受试产品故障报告表"中。

4）试验设备故障引起的中断处理程序

如图2-11所示,试验过程中,操作人员应随时监视试验设备的工作状态,如果状态异常,实施人员则应立即暂停试验设备,并向试验主管报告,试验主管组织有关人员分析异常原因,确定该异常是否对受试产品造成影响,只有当异常原因确定并排除后,经分析认为异常对受试产品无影响时,才能恢复试验,并将所有分析结果填写在"试验设备故障记录表"中,记录表应包括故障日期、记录人、受试产品名称、故障设备名称、故障发现时机、故障原因分析、对受试产品的影响及故障排除情况等信息。

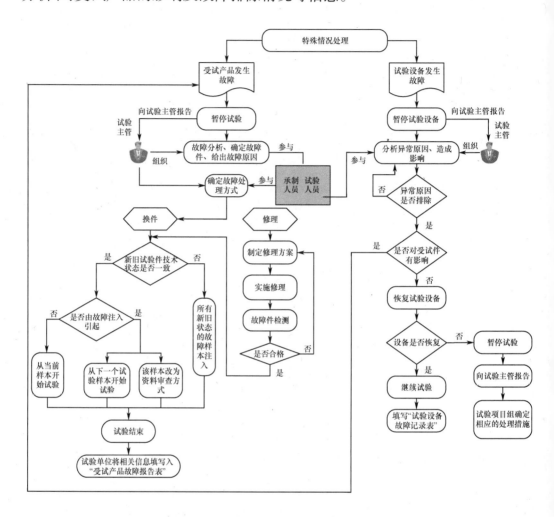

图 2-11 试验异常情况处理流程

如果试验设备无法调整恢复到规定性能状态,则应立即暂停试验,并向试验主管报告,由试验项目组确定相应的处理措施。

5. 试验记录

按照试验大纲中的试验记录要求,对试验数据进行相应记录。试验记录一般包括不可注入故障审查数据、注入故障数据及自然故障数据等。

2.4.7 结果报告

试验结果报告流程如图 2-12 所示。

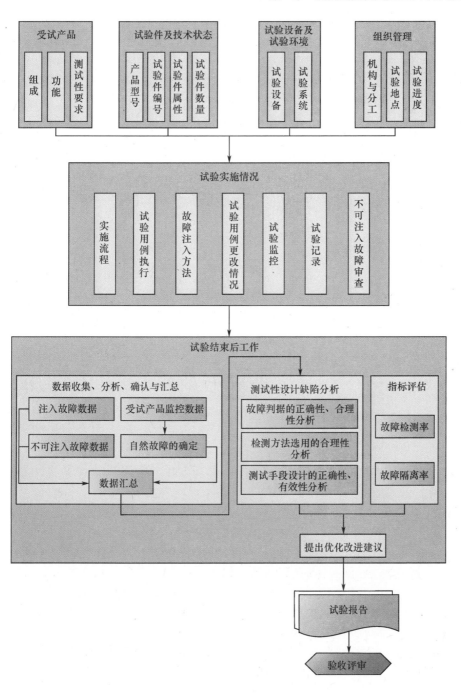

图 2-12　试验结果报告流程

1. 基本要求

对测试性验证试验结果报告的基本要求如下：

（1）原始记录是编制测试性试验报告的依据，由测试人员填写，其内容真实完整，严禁补记和涂改等。

（2）为保证测试数据的可靠性和可比性,测试人员按《数据控制管理程序》对记录数据进行处理（用软件处理的可不进行计算）,计算结果填写在测试原始记录中,采用电子签名,试验人员制测试性试验报告。

（3）试验结果报告的数据来源分为试验数据和评估数据。

（4）应确保试验数据的完整性和准确性。

（5）评估方法的置信度应得到订购方的认可。

（6）测试性试验报告内容和结论应准确、清晰、明确和客观,报告结论应与原始记录一致。

2. 试验报告

试验结束后,应由试验单位依据试验实施情况、整理确认后的试验相关数据进行编制试验报告,各参试单位及使用方监督部门会签,经过评审,并提交受试装备研制单位及总师单位。

针对受试装备编制的《测试性验证试验报告》是受试装备研制单位提出设计改进措施并实施测试性设计改进的依据,所有装备的测试性设计改进应严格按照相关的测试性验证试验报告中给出的试验中发现的测试性设计缺陷及优化改进建议执行。

受试装备的测试性试验报告内容主要包括：

（1）适用范围；

（2）编制依据；

（3）试验目的；

（4）受试装备说明及要求；

（5）试验条件；

（6）组织管理；

（7）试验前准备工作；

（8）试验过程；

（9）试验结论；

（10）其他有关项目。

3. 试验总结报告

试验结束后,应由试验单位编制受试装备的测试性试验总结报告,对整个试验情况进行总结。

4. 试验相关资料归档

试验结束后,试验单位应将试验所有相关资料进行整理并归档。试验单位对试验原始记录负有保密责任,应遵守保密协议,不得公开发表或提供给他人使用。试验资料一般包括各种文件资料及记录。

1）文件资料

文件资料主要包括:

（1）试验委托方的要求、委托书及合同等;

（2）试验设备采购文件,如采购计划、采购合同或技术协议书等;

（3）外来文件,总师单位提供的顶层文件以及装备承制单位提供的受试装备的相关文件资料,如 FMECA 报告、测试性设计方案、图纸、软件代码等。

2）记录

记录主要包括:

（1）试验数据记录,如试验过程监控记录、测试和试验设备的校准记录、试验系统的调试记录、故障注入数据记录等;

（2）试验大纲;

（3）试验程序;

（4）试验报告。

2.5　组　织　管　理

应在测试性试验实施前成立测试性试验工作组,负责对试验进行管理和监控。

测试性试验工作组一般由试验单位任组长单位,全面负责试验工作;驻受试装备研制单位军代表室任副组长单位,负责对试验全过程实施监控;装备研制单位作为试验工作组成员参与试验工作。

第3章　测试性验证试验故障注入操作要求

3.1　概念与定义

（1）故障注入设备：用来实施故障注入的设备。

（2）故障应力：故障的形式或强度。

（3）软件故障：软件不能完成其规定功能的状态。

（4）外部总线：广义范畴的总线，即"信号的传输通道"，是指所有的通信总线，以及模拟信号、数字信号、离散量信号、电源等传输通道。

（5）故障诊断器：按照装备测试性设计方案，用于实现故障检测与隔离功能的装备内部（或外部）测试设备（或电路）。

（6）探针：广义范畴的探针，可以是专用探头、夹具或符合电气特性要求的导线。

3.2　故障注入系统要求

故障注入系统是实施装备测试性验证试验的主要设备。系统主要由硬件和软件组成，硬件应包括故障注入设备和主控设备，软件应包括主控软件、故障注入控制软件、信号实时监测软件和自动测试软件。故障注入系统结构框图如图3-1所示。

3.2.1　基本要求

1. 故障注入功能

平台应具备下列故障注入功能：

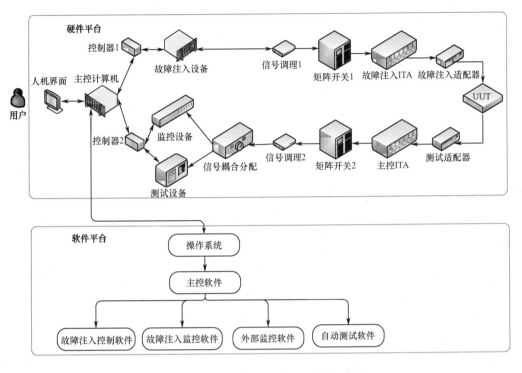

图 3－1　故障注入系统结构框图

(1) 故障参数设置功能,如故障注入点、故障模式、故障时延、故障周期、故障重复次数等;

(2) 外部总线故障注入;

(3) 基于探针的故障注入;

(4) 软件故障注入;

(5) 插拔式故障注入;

(6) 基于转接板的故障注入;

(7) 故障监控;

(8) 系统自检;

(9) 支持故障模式设置预留和扩展。

2. 外部监控功能

除另有规定外,平台应具备下列外部监控功能:

(1) 开关量测量、电阻测量、直流电压/电流测量、交流电压/电流测量、时序信号测试、任意模拟波形测试、总线信号测试功能;

(2) 数据表格显示以及波形显示等两种监测数据显示方式;

（3）数据回显与离线分析；

（4）系统自检。

3. 自动测试功能

除另有规定外,平台应具备下列自动测试功能：

（1）测试诊断流程配置、管理与执行；

（2）诊断算法配置与执行；

（3）应具备 BIT 测试和外部测试能力。

3.2.2 详细要求

1. 故障注入系统[43]

故障注入系统包括故障注入控制子系统、故障注入监控子系统、用于注入及故障监控的适配器及电缆、故障注入接口卡。各子系统功能如下：

（1）故障注入控制子系统用来实现故障系统的产生、模拟和输出；

（2）故障注入监控子系统用来监控故障注入的实施过程,以判断故障信号是否成功注入；

（3）适配器及电缆用来传输信号；

（4）故障注入接口卡用来对受试产品的被注入单元进行信号转接。

除特殊要求外,故障注入系统应包括以下功能：

（1）通信总线故障注入：能实现双通道双冗余 1553B、RS232/422/485、ARINC429、CAN 等装备常用总线信号的故障注入,包括物理层信号通断、阻抗控制故障注入、电气层信号幅度调节、占空比调节、输出斜率调节故障注入和协议层信号响应延迟、信号位错误、消息替换故障注入。

（2）模拟信号故障注入：能实现对受试产品模拟信号故障注入,故障模式包括信号断开、幅度、频率值调节、外加抖动驱动信号、外加噪声等。

（3）数字信号故障注入：能实现对受试产品数字信号故障注入,故障模式包括断路、幅度和频率变化、固高、固低、桥接、串电阻等。

（4）电源信号故障注入：能接收主控系统故障模拟的设置,产生相应的故障模式信号,通过适配单元加入受试产品中,可注入的故障模式包括电源信号通断控制、信号串行阻抗控制和幅值调节。

（5）探针故障注入：能提供外加探笔式的故障注入,能够产生断路、幅度和频率变化、固高、固低、桥接、串电阻等故障模式,并具有过压、过流保护功能。

（6）接口故障注入:能实现被测系统对外接口信号的故障注入,故障模式包括信号断开和接地两种。

（7）故障信号实时监控是对故障注入信号的过程及状态进行监测,并实时显示在软件界面中,供用户实时查看信号状态。

2. 主控系统

主控系统应包括监控子系统、测试子系统、信号耦合分配器、测试适配器及电缆、监控适配器及电缆等。各子系统的功能要求如下:

（1）监控子系统用来对受试产品的总线通信和输出的开关量进行实时监控,防止故障注入导致系统发生损坏;

（2）测试子系统用来对受试产品进行测试和诊断,根据测试结果完成对受试产品的测试性指标评估;

（3）测试适配器和电缆用来传输监控和测试信号。

3. 软件系统

（1）故障注入软件:应能够完成所需要注入故障的系统控制与管理,这些故障包括总线故障、电源故障、受试产品器件信号故障、计算机分系统信号故障、接口故障等,在故障注入过程中,通过注入监控软件实现对故障信号的全过程监测,并通过实时波形或数据表格形式显示在界面中。

（2）信号监测软件:应能够完成对受试产品所有输出接口的信息监控与采集。

（3）自动测试软件:应能够完成对受试产品功能和技术指标的自动测试。

3.2.3　工作方式

1. 自动工作方式

当选取的故障模式集危害度较低时,在设备软件平台中配置相应的故障注入和测试诊断流程。启动设备后,直接运行主控软件,此时设备应能根据已开发的故障注入和自动测试程序,自动完成全过程操作,完成测试性验证试验,并形成测试性评估报告。

2. 人工操作方式

当使用人员需要对某种故障模式进行设计确认或测试诊断流程的验证时,系统应提供手动测试方式,操作人员可以使用仪器软面板完成临时故障注入和测试任务。

3. 自检工作方式

为了提高设备的可靠性和使用效率,系统应设计上电自检、人工启动自检两种自检工作方式。系统在加电时,能够自动进行自检测试程序;也可以由人工启动进行自检测试。自检测试结果输出或自动存档。

4. 分系统独立使用方式

操作者应可独立和组合使用设备的故障注入分系统和主控分系统,其中,故障注入分系统可用作测试系统的容错性、可靠性设计,主控分系统可用作装备的系统级测试和故障诊断。

3.3　故障注入要求

3.3.1　人员要求

对实施装备测试性试验故障注入的操作人员一般要求如下:

(1)应熟悉装备故障模式特征, 熟悉所注入故障对装备可能造成的影响(或危害);

(2)应熟悉掌握故障注入设备的操作方法,严格按照试验程序进行,禁止进行与试验无关的操作;

(3)在测试性试验过程中,应着防静电服装、带防静电手套;

(4)应能够及时正确地处置故障注入过程中可能产生的意外情况。

3.3.2　设备要求

对实施装备测试性试验的故障注入设备一般要求如下:

(1)根据故障注入原理由专用设备和通用设备集成;

(2)应具有可编程、自定义、自动化的特性;

(3)应运行稳定可靠,处于完好的技术状态。

3.3.3　环境要求

对实施装备测试性试验的故障注入环境一般要求如下：

（1）对于系统级故障注入，应按照装备研制总要求中明确的使用环境要求执行；

（2）对于设备级故障注入，应按照 GJB 150.1 执行。

3.3.4　故障注入方法

测试性试验应根据备选故障样本库中故障模式特点选用一种或几种故障注入方法实施故障注入。一般来说，故障注入方法主要分为外部总线故障注入方法、基于探针的故障注入方法、基于转接板的故障注入方法、拔插式故障注入方法和软件故障注入方法[38]。

3.4　外部总线故障注入

3.4.1　基本原则

装备外部总线故障注入的基本原则如下：

（1）对于系统级的故障注入，外部总线为装备 LRU 之间和 LRU 与激励设备之间信号交换的所有信号通路。

（2）对于设备级的故障注入，外部总线为装备 SRU 之间信号交换的所有信号通路。

（3）当 UUT 需要与其他 LRU 或激励设备级联工作时，故障注入设备置于 UUT 和其他 LRU（或激励设备）间的数据传输链路中，通过改变链路中的数据、信号或链路物理结构来实现故障注入；当 UUT 可独立工作，且外部激励能够影响 UUT 功能时，故障注入设备直接与 UUT 外部接口相连，模拟故障激励实现故障的注入。

（4）外部总线故障注入分为物理层、电气层和协议层的故障注入三个层次。

3.4.2 物理层故障注入

进行系统级外部总线物理层故障注入时,UUT 为系统故障诊断器(如 CMC),故障注入设备位于 UUT 和与 UUT 互连的 LRU(或激励设备)之间,模拟物理链路(导线、接口)断路、桥接、接地等故障;故障注入设备也可以独立地接至 UUT 外部接口,施加物理结构上的故障应力。

进行设备级外部总线物理层故障注入时,UUT 为 LRU,故障注入设备应位于 LRU 内部各 SRU 之间,模拟物理链路(导线、接口)断路、桥接、接地等故障。

外部总线的物理层故障注入过程中,需要确定故障应力类型、故障应力量值和施加方式。故障应力类型包括断路、桥接、接地等;故障应力量值是对故障应力类型的量化,可以是级联电容、电阻等元件的参数值,可以是范围或单值,如级联电阻的阻值为 $1k\Omega$、级联的电容为 $10pF \sim 10\mu F$;施加方式可以是典型值、步进或随机抽取,如 $100\Omega \sim 10k\Omega$ 以 100Ω 的步长步进地级联电阻。

外部总线物理层故障注入原理如图 3 – 2 所示。进行外部总线物理层故障注入时,根据 UUT 运行环境,故障注入设备可以位于 UUT 和与其互连的 LRU/激励设备(或 SRU)之间,也可以直接连接 UUT 外部接口(虚线部分)。外部总线物理层故障注入设备由程控矩阵开关组成,并选择性地级联电容、电阻等组件,实现对故障的真实模拟,控制器控制开关的闭合与断开,实现在线实时的故障注入。故障注入设备在非注入状态时,应以"透明"的形式介于

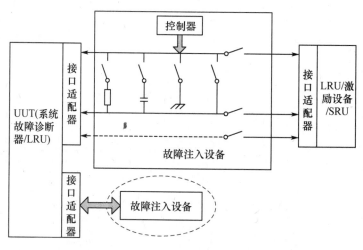

图 3 – 2 外部总线物理层故障注入原理

LRU/激励设备(或SRU)之间,不影响UUT的正常工作。

3.4.3 电气层故障注入

进行系统级外部总线电气层故障注入时,UUT为系统故障诊断器(如CMC),故障注入设备位于UUT和与UUT互连的LRU(或激励设备)之间,模拟输入信号参数漂移、噪声叠加、幅值超差、固高、固低、翻转等故障,即模拟与UUT互连的LRU(或激励设备)发生故障时的输出;故障注入设备也可独立接至与UUT外部接口,施加电气特性上的故障应力。

进行设备级外部总线电气层故障注入时,UUT为LRU,故障注入设备应位于LRU内部各SRU之间,模拟输入信号参数漂移、噪声叠加、幅值超差、固高、固低、翻转等故障,即模拟LRU内部SRU发生故障时的输出。

外部总线的电气层故障注入过程中,需要确定故障应力类型、故障应力量值和施加方式。故障应力类型包括电压漂移、电压超差、占空比失真、噪声叠加、固高、固低等;故障应力量值是对故障应力类型的量化,可以是范围或单值,如某路电压拉低至2.3V、频率改变至100Hz~1kHz;施加方式可以是典型值、步进或随机抽取,如0~5V以0.2V的步长步进地施加电压。

外部总线电气层故障注入原理如图3-3所示。进行外部总线电气层故障注入时,根据UUT运行环境,故障注入设备位于UUT和与其互连的LRU/激励设备(或SRU)之间,也可直接连接UUT外部接口(虚线部分)。外部总

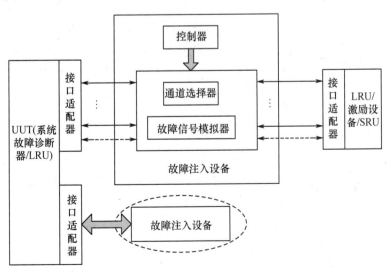

图3-3　外部总线电气层故障注入原理

线电气层故障注入设备中,控制器控制故障的注入和归零,故障通道选择器负责选择要注入故障的通路,故障信号模拟器负责模拟故障特征信号。故障注入设备在非注入状态时,应以"透明"的形式介于 LRU/激励设备(或 SRU)之间,不影响 UUT 的正常工作。

3.4.4　协议层故障注入

进行系统级外部总线协议层故障注入时,UUT 为系统故障诊断器(如CMC),故障注入设备位于 UUT 和与 UUT 互连的 LRU(或激励设备)之间,模拟 UUT 和 LRU 间互连总线上的通信协议错误等故障;故障注入设备也可直接与 UUT 外部总线接口连接,施加通信协议上的故障注入。

进行设备级外部总线协议层故障注入时,UUT 为 LRU,故障注入设备应位于 LRU 内部各 SRU 之间,模拟协议通信错误等故障。

外部总线的协议层故障注入过程中,需要确定故障应力类型、故障应力量值和施加方式。故障应力类型包括地址错误、延时、数据替换、丢包、奇偶校验错误、通信连接不稳定等;故障应力量值是对故障应力类型的量化,可以是范围或单值,如某路数据替换为全 0 或全 F,每帧数据传输延时 10ms,故障持续 1s 等;施加方式可以是典型值、步进或随机抽取,如 0.1 ~ 2s 以 0.2s 的步长步进地进行数据传输延时。

外部总线协议层故障注入原理如图 3 - 4 所示。进行外部总线协议层故障注入时,根据 UUT 运行环境,故障注入设备位于 UUT 和与其互连的 LRU/激励设备(或 SRU)之间,也可直接连接 UUT 外部接口(虚线部分)。外部总线协议层故障注入设备中,控制器控制故障的注入和归零,故障通道选择器负责选择要注入故障的通路,协议故障模拟器负责模拟通信协议故障。故障注入设备在非注入状态时,应以"透明"的形式介于 LRU/激励设备(或 SRU)之间,不影响 UUT 的正常工作。

3.4.5　操作步骤

外部总线故障注入的操作步骤如下:

(1)连接故障注入设备至 UUT。

(2)设置故障应力类型、故障应力量值、施加方式。设置故障注入控制参

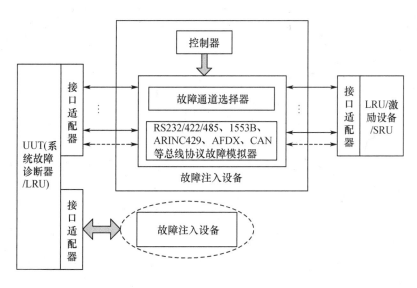

图 3-4　外部总线协议层故障注入原理

数,如故障注入触发条件、故障注入持续时间等。

（3）如果为启动时故障注入,则先启动故障注入设备,确保故障成功发生后再启动 UUT;如果为在线故障注入,则先启动 UUT,待 UUT 处于期望运行状态时再启动故障注入设备。

（4）根据装备状态响应信息,判断故障注入是否成功。

（5）当故障被成功注入后,观测并记录 UUT 的响应数据。

（6）撤销故障应力。

（7）断开故障注入设备和 UUT 间连接,恢复现场。

3.4.6　注意事项

进行外部总线故障注入时,需要注意的事项如下:

（1）级联可变电阻时,电阻的控制精度应不大于 0.5Ω,电阻的阻值精度不大于 1%;

（2）级联可变电容时,电容的控制精度应不大于 10pF,电容的容值精度不大于 1%;

（3）施加电压的控制精度不大于 0.01V,电压值精度不大于 0.01V;

（4）级联所产生的额外导线长度不超过 60cm;

（5）应注意总线插针的定义,将各条线路进行清晰标识,并仔细核对,避免连接错误；

（6）故障注入持续时间的控制精度应不大于 50ms。

3.5　基于探针的故障注入

3.5.1　基本原则

基于探针的故障注入的基本原则如下：

（1）基于探针的故障注入主要应用于器件级的故障注入；

（2）将探针与被注入器件的引脚、引脚连线相接触，或与受试产品内部或外部电连接器引脚相接触，通过改变引脚输出信号或引脚间互连结构实现故障的在线模拟或离线模拟；

（3）基于探针的故障注入分为后驱动故障注入、电压求和故障注入、开关级联故障注入。

3.5.2　后驱动故障注入

基于后驱动的故障注入能够实现数字电路数据总线错误、地址总线错误、读写控制信号错误、方向信号错误等故障的模拟，在被测器件的输入级（前级驱动器件的输出级）灌入或拉出瞬态大电流，迫使其电位按照要求变高或变低来模拟产品故障，如图 3-5 所示。

后驱动技术是探针移动式的故障注入不需要设置相应的故障注入接口，只要将故障注入探针与被注入故障的器件管脚接触即可。

探针在非注入状态应处于高阻状态，不影响 UUT 正常运行。

基于后驱动技术的故障注入过程中，需要确定故障应力类型、故障应力量值和施加方式。故障应力类型包括数字电路数据总线错误、地址总线错误、读写控制信号错误、方向信号错误等；故障应力量值是对故障应力类型的量化，如数据总线 data0 固高、地址总线 Addr1 固低等；施加方式应以步进的形式进行，如 0.1~1A 以 0.1A 的步长步进改变拉出或灌入电流的大小。

3.5.3　电压求和故障注入

对于运算放大器组成的模拟电路器件级故障注入应采用基于电压求和

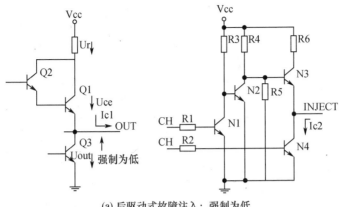

(a) 后驱动式故障注入：强制为低

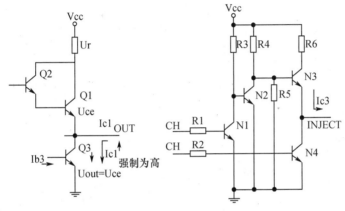

(b) 后驱动式故障注入：强制为高

图 3-5 基于后驱动的故障注入

的故障注入方法,如图 3-6 所示。

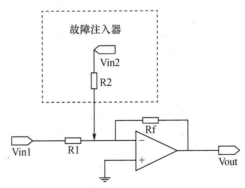

图 3-6 电压求和故障注入原理

基于电压求和的故障注入过程中,需要确定故障应力类型、故障应力量值和施加方式。故障应力类型包括电压漂移、电压超差、噪声叠加等;故障应力量值是对注入电压的量化,如注入 0.1V 的电压;施加方式可以是典型值、步进或随机抽取,如0~5V以0.2V的步长步进地施加注入电压。

3.5.4 开关级联故障注入

基于开关级联故障注入主要利用探针与电子开关级联的形式,改变电路板内导线互连结构或电连接器引脚间互连结构来模拟产品故障,分为单点或多点共地、单点或多点级联或桥接电容/电阻/二极管等多种形式,如图3-7所示。

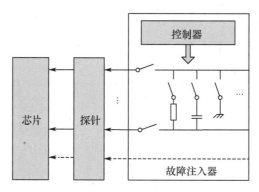

图3-7 开关级联式故障注入原理

开关级联的故障注入过程中,需要确定故障应力类型、故障应力量值和施加方式。故障应力类型包括单点级联、多点级联,桥接级联等方式,也包括级联可变电阻、级联可变电容、级联二极管、对地短接等方式;故障应力量值是对故障应力类型的量化,主要是针对级联电容、电阻等组件的情况,可以是范围或单值,如级联电阻的阻值为$1k\Omega$、级联的电容为$10pF\sim10\mu F$;施加方式可以是典型值、步进或随机抽取,如$100\Omega\sim10k\Omega$以100Ω的步长步进地级联电阻。

3.5.5 操作步骤

基于探针的故障注入操作步骤如下:

(1)连接故障注入设备至UUT。

(2)确定具体实现方式,包括后驱动、电压求和及开关级联。

(3)设置故障应力类型、故障应力量值、施加方式。设置故障注入控制参数,如故障注入触发条件、故障注入持续时间等。

(4)如果为启动时故障注入,则先启动故障注入设备,确保故障成功发生后再启动 UUT;如果为在线故障注入,则先启动 UUT,待 UUT 处于期望运行状态时再启动故障注入设备。

（5）判断故障注入是否成功。

（6）当故障被成功注入后,观测并记录 UUT 响应数据。

（7）撤销故障应力。

（8）断开故障注入设备和 UUT 间连接,恢复现场。

3.5.6　注意事项

1. 基于后驱动故障注入注意事项

（1）灌电流和/拉电流的控制精度不大于 0.01A,电流值精度不大于 0.01A;

（2）施加电压的控制精度不大于 0.01V,电压值精度不大于 0.01V;

（3）施加电压时应进行限流保护;

（4）故障注入持续时间的控制精度应不大于 50ms。

2. 电压求和故障注入注意事项

（1）施加电压的控制精度不大于 0.01V,电压值精度不大于 0.01V;

（2）故障注入持续时间的控制精度不大于 50ms。

3. 开关级联故障注入注意事项

（1）开关的开启和闭合稳定时间不大于 30ms;

（2）级联可变电阻时,电阻的控制精度应不大于 0.1Ω,电阻的阻值精度不大于 1%;

（3）级联可变电容时,电容的控制精度应不大于 1pF,电容的容值精度不大于 1%;

（4）故障注入持续时间的控制精度应不大于 50ms。

4. 其他注意事项

（1）导线长度不大于 30cm;

（2）探针注入会对电路板的三防层造成破坏,试验后要进行相应的恢复工作;

（3）破坏"三防"、探针与电路的连接、恢复"三防"要由专业操作人员完成;

（4）探针故障注入前应仔细分析可行性和安全性；

（5）探针故障注入时，应按规程操作，在正确位置引入探针，并严防和其他线路短路等情况。

3.6 基于转接板的故障注入

3.6.1 基本原则

基于转接板的故障注入基本原则如下：

（1）主要应用于装备内部互连的电路板之间的故障注入；

（2）在两个或两个以上电路板接口间加入专制的转接电路板，通过改变电路板互连链路中的链路物理结构、信号、数据，实现故障的在线模拟或离线模拟。

3.6.2 操作步骤

转接板物理层故障注入原理如图 3-8 所示。

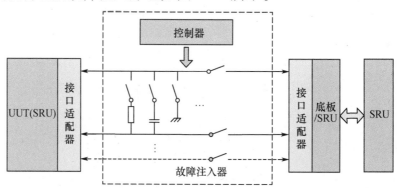

图 3-8 转接板物理层故障注入原理

基于转接板的故障注入操作步骤同外部总线故障注入。

3.6.3 注意事项

基于转接板故障注入的注意事项如下：

（1）转接板的长度不能超过 20cm；

（2）使用电缆代替转接板时，电缆的长度不能超过 30cm；

（3）转接板应针对不同的产品、接口以及测试需求进行单独定制；

（4）故障注入持续时间的控制精度应不大于 50ms。

3.7　拔插式故障注入

3.7.1　基本原则

拔插式故障注入的基本原则如下：

（1）拔插式故障注入通过拔插元器件、电路板、导线、电缆等方式来模拟装备故障；

（2）拔插式故障注入应在确保不会对装备造成不可恢复性影响的前提下进行；

（3）拔插式故障注入不仅包括装备的内部或者外部的连接组件（元器件、电路板、导线、电缆等）的拔出或插入，还包括器件的焊上或焊下。

3.7.2　操作步骤

拔插式故障注入的操作步骤如下：

（1）确定拔插操作的对象和位置；

（2）关闭 UUT 电源，将拔插对象拔出或焊下，实现故障注入；

（3）启动 UUT，记录 UUT 响应数据；

（4）关闭 UUT 电源；

（5）插入或焊上拔插对象，撤销故障注入，恢复现场。

3.7.3　注意事项

拔插式故障注入的注意事项如下：

（1）拔出、插入和焊接的操作应在断电情况下执行；

（2）同一元器件的焊接次数应不大于 3 次；

（3）拔插式故障注入只适用于管脚数少的器件，器件的管脚数应不大于 16 个；

（4）焊接操作应由专业人员执行；

（5）拔插故障注入可能会对受试电路本身造成一定影响，应做好试验后的恢复和测试工作。

3.8 软件故障注入

3.8.1 基本原则

软件故障注入是通过修改软件代码而实现对故障模拟和注入的故障注入方式。软件故障注入主要适用于以下六个方面：

（1）模拟 UUT 软件目标芯片自身故障，如 CPU、内存、EEPROM 故障等；

（2）注入 UUT 软件中结构化功能模块失效造成的软件故障，如死锁、数据溢出、地址错误等；

（3）模拟 UUT 内部硬件/软件总线接口数据内容和逻辑故障；

（4）模拟 UUT 和其他 LRU 间外部总线数据内容和逻辑故障；

（5）模拟其他无法通过系统或硬件故障注入实现的故障；

（6）根据注入目标对象不同，软件故障注入分为受试设备软件故障注入和交联设备软件故障注入。

3.8.2 受试设备软件故障注入

受试设备软件故障注入通过修改受试设备中软件接口或运行逻辑，模拟目标芯片、软件自身故障，UUT 内部故障以及其他无法通过软件外部接口模拟的故障。

受试设备软件故障注入环境包括故障注入计算机、编译环境和下载设备，基本原理如图 3-9 所示。将故障代码注入受试设备目标程序源代码中，注入后的源代码正确编译下载到目标芯片，当程序运行并满足预定的触发条件时，注入的故障将被激活。

受试设备软件故障注入主要针对外部软/硬件激励无法设置或模拟的故障类型开展。

受试设备软件故障注入的实现不能影响软件的正常功能和性能，以尽可能小地修改软件，尽可能从软件数据流上游出发的原则，从判断条件、数据内

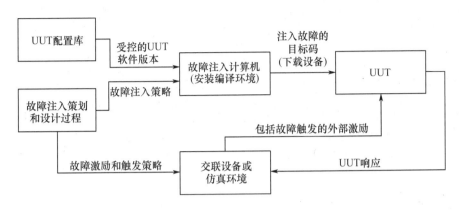

图 3-9　受试设备软件故障注入原理

容、边界值、运行状态等方面实施软件的修改。

　　受试设备软件故障注入内容在试验策划和设计阶段确定,通常包括下列故障:

　　(1) 目标芯片资源故障,包括:

　　① CPU 故障;

　　② 内存故障;

　　③ 非易失存储器故障;

　　④ 定时器故障;

　　⑤ 中断故障;

　　⑥ 看门狗故障;

　　⑦ 其他目标芯片硬件资源自身的故障。

　　(2) 总线数据发送故障,包括:

　　① 发送超时;

　　② 发送成功标志为错误;

　　③ 发送阻塞;

　　④ 其他有总线驱动电路反馈给软件的故障。

　　(3) 受试设备内部资源故障,包括:

　　① A/D 采集超时;

　　② 板上逻辑电路错误;

　　③ 板上模拟电路故障;

④ 片外"看门狗"电路故障；

⑤ 按键异常抖动；

⑥ 其他受试设备硬件设备需通过破坏性操作才能注入的故障。

（4）受试设备内部自检测电路故障，包括：

① 故障监控传感器返回数据异常；

② 自回绕故障诊断电路采集数据异常；

③ 板上参考电压异常；

④ 其他内部自检测电路故障。

（5）多余度输入中一个通道故障，包括：

① 多余度传感器故障；

② 多余度 A/D 采集通道故障；

③ 多余度存储器故障。

（6）受试设备软件结构化设计中功能模块自身功能、性能失效，以及功能模块对软件公共资源的异常占用，包括：

① 软件超时运行或死锁；

② 软件地址越界；

③ 软件 CPU 资源抢占异常；

④ 其他影响公共资源的软件故障。

3.8.3 交联设备软件故障注入

交联设备软件故障注入通过修改交联设备中软件行为，模拟外部总线应用层级包括数据内容、逻辑故障，以及其他无法直接通过对交联 LRU 操作设置的外部总线应用层故障。

交联设备软件故障注入基本原理是修改交联设备软件或仿真激励环境软件，模拟真实交联设备无法达到或达到代价过高的故障状态，通过总线级的激励作用于受试设备实现故障注入。交联设备软件故障注入不同于外部总线故障注入，其主要从交联设备软件行为出发，注入总线数据内容、逻辑等应用层故障。交联设备软件故障注入的实现不能影响交联设备的正常功能和性能，应尽可能真实地模拟实际运行环境下故障的特征。

交联设备故障注入的方法包括两类：一是通过直接修改交联设备软件，

并编译、下载到交联设备目标芯片中,实施故障注入,故障注入环境包括故障注入计算机、编译环境和下载设备,如图 3 - 10 所示;二是通过建立交联设备的仿真激励环境,通过仿真激励环境自动程控加载注入故障的模型、脚本或数据,实施故障注入,故障注入环境包括仿真建模工具、故障注入设计工具和故障注入实施工具,如图 3 - 11 所示。

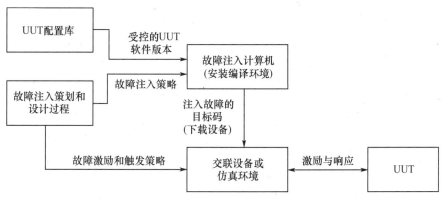

图 3 - 10　交联设备软件直接故障注入原理

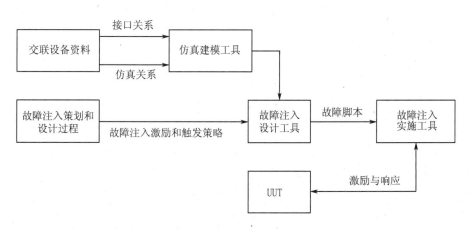

图 3 - 11　通过仿真激励环境的交联设备软件故障注入原理

交联设备软件故障注入内容在试验策划和设计阶段确定,通常包括下列故障:

(1) 总线数据内容故障,包括:

① 数据超出正常范围;

② 无效指令字;

③ 极端异常的操作和数据内容变化趋势;

④ 其他偏离预期的数据内容。

（2）总线数据时序故障，包括：

① 交联设备总线发送周期异常；

② 交联设备总线发送时刻点异常；

③ 交联设备模型的偏移。

（3）闭环反馈回路故障，包括：

① 控制回路干扰；

② 控制律发散；

③ 控制品质下降。

（4）外部监控设备检测到的数据故障，如超温、超压、超转、电流异常等。

（5）交联设备软件检测到、上传并由受试设备汇总的故障信息，如燃油系统上报给机电管理计算机的故障。

（6）交联设备自身软硬件失效所造成的系统故障。

3.8.4 操作步骤

1. 受试设备软件故障注入

受试设备软件故障注入流程如图 3 - 12 所示，具体描述如下：

（1）根据故障模式，确定合适的软件代码修改部位，设计修改方法，确定激活故障所需的外部激励或其他触发条件，必要时对代码修改的有效性及对软件正常功能的影响进行分析和评估。

（2）确认受试产品软件版本，实施软件故障注入，编译，并下载到目标芯片。

（3）执行试验：运行受试设备，增加（1）条确定的外部激励或其他触发条件，并记录响应数据。

（4）分析试验结果，并将受试设备恢复为进入版本。

2. 交联设备软件故障注入

交联设备软件故障注入流程如图 3 - 13 所示，具体描述如下：

（1）根据故障模式，确定故障注入的策略和方法。

（2）根据需要选择合适的交联设备或仿真激励环境。对于选择直接修改交联设备代码的故障注入方式，针对每一个故障注入项执行第（3）条至第（5）条；对于通过建立交联设备的仿真激励环境，针对每一个故障注入项执行

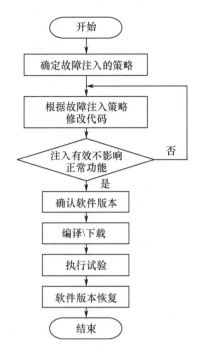

图 3 - 12　受试设备软件故障注入流程

第(6)条和第(7)条。

(3) 确定软件代码修改部位,设计软件修改方法,并确定激活故障所需的操作步骤,必要时对代码修改的有效性,及软件修改正常功能的影响进行分析和评估。

(4) 确认交联设备软件版本,实施软件故障注入,编译,并下载到目标芯片。

(5) 交联设备与受试设备正确连接,并运行,施加第(3)条中确定的操作步骤,并记录响应数据。

(6) 建立接口关系与仿真关系模型,设计故障施加激励方法,形成故障激励脚本。必要时,对故障注入方法的有效性,及仿真设备与真实设备的差异性进行分析和评估。

(7) 仿真环境与受试设备正确连接,根据激励脚本执行试验,记录响应数据。

(8) 分析试验结果,并将交联设备恢复为进入版本。

3.8.5　注意事项

软件故障注入的注意事项如下:

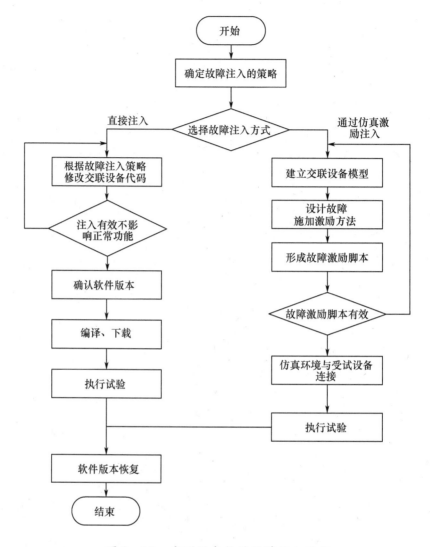

图 3-13　交联设备软件故障注入流程

（1）软件故障注入在注入前应做好软件备份，便于注入完毕后恢复。

（2）使用软件故障注入进行硬件故障的模拟时，应确保软件故障注入和目标硬件故障间的等效性问题，既要确保软件故障注入能模拟出目标硬件故障，又要不产生其他硬件故障的效果。

第 4 章　测试性试验方案设计与指标评价方法

4.1　概念与定义

（1）故障检测率（Fault Detection Rate，FDR）：在规定的时间内，用规定的方法正确检测到的故障数与发生的故障总数之比，用百分数表示。

（2）故障隔离率（Fault Isolation Rate，FIR）：在规定的时间内，用规定的方法正确隔离到不大于规定的可更换单元数的故障数与同一时间检测到的故障数之比，用百分数表示。

（3）模糊组：具有类似或者相同的故障特征，在故障隔离中无法（或不能）分清故障真实部位的一组可更换单元。模糊组中的每个可更换单元都可能有故障。

（4）故障检测率的检验下限：最低可接受值 q_1，拒收的检测率的下限。

（5）故障检测率的检验上限：目标值 q_0，可接收的检测率的上限。

（6）鉴别比：测试性试验中鉴别比定义为

$$D = (1 - q_1)/(1 - q_0)。$$

（7）生产方风险：（α）：故障检测率的真值等于其上限 q_0 时，产品被拒收的概率。当产品的真值大于 q_0 时，其被拒收的概率将小于 α。

（8）使用方风险（β）：故障检测率的真值等于其下限 q_1 时，产品被接收的概率。当产品的真值小于 q_1 时，其被接收的概率将小于 β。

4.2　测试性试验方案设计与指标评价基本要求

测试性试验方案设计与评价基本般要求如下：

（1）应根据测试性验证试验计划，制定测试性试验方案。

（2）测试性试验方案的输入应包含如下内容：

① 选用的统计实验方案。

② 生产方风险、使用方风险、鉴别比。

③ 置信度。

④ FMECA 的相关数据，包括故障模式、故障原因、故障率和故障相对发生频率等。

（3）试验用故障样本库的层次为被验证的测试性隔离要求的层次。故障样本库的建立原则如下：

① 根据受试产品的 FMECA 报告和其他资料，如实际发生的故障模式等，确定受试产品的所有功能故障模式。

② 将受试产品的所有功能故障模式分解为测试性指标要求层次的故障模式，将该故障模式的集合定义为故障样本库。如果产品的测试性指标要求隔离到 SRU 层次，则用于故障样本库分析的层次为 SRU 级功能故障模式。

（4）将纳入故障样本库的故障样本的故障原因作为注入样本，形成注入样本库。注入样本库中故障模式的数量应大于试验方案确定的试验样本量。

（5）鉴定（验收）试验中采用试验判据对试验做出接收或拒收判据。

4.3 定数截尾试验方案

4.3.1 选取原则

在进行装备测试性验证试验时，如果所需故障样本量数量较少，参照 GJB 2072—94《维修性试验与评定》[44]，可采用定数截尾试验方法。

4.3.2 考虑双方风险的试验方案参数计算

以 FDR 验证为例①，抽取 $N_{(FD)}$ 个失败。规定一个正整数 $G_{(FD)}$，如果 $N_{(FD)} \leq G_{(FD)}$ 则认为合格，判定接收；如果 $N_{(FD)} > G_{(FD)}$ 则认为不合格，判定拒

---

① 当验证隔离率时，成败型定数试验方案的制定方法同上。

收。$G_{(FD)}$ 为合格判定数。样本量 $N_{(FD)}$ 和接收或拒收判据 $G_{(FD)}$ 见下式：

$$\sum_{F=0}^{C_{(FD)}} G_{N_{(FD)}}^{F} (1 - q_{1_{(FD)}})^{F} q_{1_{(FD)}}^{N_{(FD)}-F} \leqslant \beta$$

$$\sum_{F=0}^{C_{(FD)}} G_{N_{(FD)}}^{F} (1 - q_{0_{(FD)}})^{F} q_{0_{(FD)}}^{N_{(FD)}-F} \geqslant 1 - \alpha \qquad (4-1)$$

式中：

α 为生产方风险；β 为使用方风险；$q_{1_{(FD)}}$ 为检测率的最低可接受值；

$q_{0_{(FD)}}$ 为检测率的规定值；

$C_{(FD)}$ 为最大允许检测失败次数，即试验判据；

$N_{(FD)}$ 为试验样本量。

通过式（4-1）求出的 $N_{(FD)}$ 和 $G_{(FD)}$ 有很多解，考虑到测试性试验覆盖的充分性，确定的样本量一般应满足 $N_{(FD)} > M$（M 为产品的故障样本库故障模式总数）。因此，一般取满足 $N_{(FD)} > M$ 的最小样本量，对应的接收或拒收判据 $G_{(FD)}$。当有特殊要求时，可以根据具体要求确定 $N_{(FD)}$。

4.3.3 最低可接受值试验方案参数计算

以 FDR 验证为例[①]，说明最低可接受值试验方案。设 FDR 的最低可接受值 $q_{1_{(FD)}}$ 和使用方风险 β，$N_{(FD)}$ 和 $G_{(FD)}$ 的值由下式（4-2）求出：

$$\sum_{F=0}^{G_{(FD)}} \binom{N_{(FD)}}{F} (1 - q_{1_{(FD)}})^{F} q_{1_{(FD)}}^{N_{(FD)}-F} \leqslant \beta \qquad (4-2)$$

此方程同样有无穷多组解，同样考虑覆盖的充分性，一般应选取满足 $N_{(FD)} > M$ 的最小样本量，和对应的接收或拒收判据 $C_{(FD)}$。也可以根据特殊要求确定 $N_{(FD)}$。

4.3.4 参数值估计试验方案参数计算

以 FDR 验证为例，说明参数值估计试验方案。

（1）根据试验所用样本的充分性确定样本量 n_1。为确保故障能够隔离到各组成单元，需保证各组成单元的每一个功能故障能够至少分配一个样

---

① 当验证隔离率时，最低可接受试验方案的制定方法同上。

本,得到样本量 n_1。

（2）考虑指标的统计评估要求确定 n_2。依据规定置信度和产品指标最低可接受值,查阅数据表[45]可以得到样本量 n_2。

（3）验证试验所用量 n。取 n_1、n_2 中最大值作为试验所用样本量。

4.3.5 样本量分配

1. 功能故障模式的样本分配

定数截尾试验采用按比例分层抽样方法,将样本量分配到故障样本库中的各功能故障模式,即按各功能故障模式的相对发生频率 c_{pi} 把试验样本量 $N_{(FD)}$ 分配给各故障模式,设第 i 个故障模式的样本量为 n_i,n_i 的计算见下式:

$$n_i = N_{(FD)} C_{pi} \qquad (4-3)$$

$$G_{pi} = \frac{\lambda_i}{\sum_{j=1}^{M} \lambda_i} \qquad (4-4)$$

式中:λ_i 为第 i 个故障模式的失效率;$N_{(FD)}$ 为试验样本量;M 为故障模式总数;G_{pi} 为第 i 个故障模式的相对发生频率。

2. 故障原因的分配

定数截尾试验方案中需要将各功能故障模式的样本数继续分配到其他故障原因,故障原因的分配方法如下:

（1）如果功能故障模式样本数小于故障原因数,则采用有放回的按比例简单随机抽样方法,具体是将故障样本库中的各故障模式根据其相对发生频率 G_i 乘 100 或 1000（根据具体情况所确定的累计范围）,利用 00～99（或 999）均匀分布的随机数在全体样本中随机抽取,或者是根据各故障原因的相对发生频率进行随机抽取。某接收机的故障样本、故障模式频数比和累积范围见表 4-1。

表 4-1 按比例简单随机抽样（示例）

序号	单元	故障模式	故障相对发生频率 G_i	累计范围
1		参数漂移	0.20	00～19
2	接收机	元件短路或开路	0.35	20～54
3		谐调失灵	0.45	55～99

（2）如果功能故障模式样本数大于故障原因数，则首先对故障原因取模，倍数分配至每一个故障原因，然后余数按照有放回按比例简单随机抽样的方法进行分配。

（3）当故障样本库中功能故障模式相对发生频率最大值与最小值之间差异较大（如超过 10 倍）且出现部分功能故障模式分配结果为 0 时，要对该功能故障模式进行样本补充，且在保证样本分配结果的大小排序与故障率排序一致的前提下，补充的样本数应覆盖所对应的故障原因。

4.3.6　结果评价

1. 概述

在定数截尾试验中采用下述方法完成检测率①的评价。

设故障模式库中故障模式总数为 M，试验样本总量为 $N_{(\text{FD})}$。

2. 点估计

故障检测率的点估计按照下式进行计算：

$$\widehat{\text{FDR}} = \frac{n_{(\text{FD})}}{N_{(\text{FD})}} \tag{4-5}$$

式中：$N_{(\text{FD})}$ 为试验样本总量；$n_{(\text{FD})}$ 为试验检测成功总次数。

3. 置信下限

参数值估计试验方案的置信下限估计按下式进行计算：

$$\sum_{j=0}^{N_{(\text{FD})}-n_{(\text{FD})}} C_{N_{(\text{FD})}}^{j} (1 - \text{FDR}_L)^j \, \text{FDR}_L^{N_{(\text{FD})}-j} = 1 - C \tag{4-6}$$

目前，国家军用标准没有给出明确的考虑双方风险的试验方案和最低可接受值的试验方案的置信下限估计方法，其置信下限估计可采用基于正态分布的方法。由于考虑双方风险的试验方案和最低可接受值试验方案样本量确定是基于二项分布进行的，因此采用正态分布进行置信下限评估的前提是要求二项分布与正态分布必须满足一定的近似关系。接下来证明二项分布与正态分布近似关系[46]。

在同一条件下进行 n 次重复的独立试验，每次试验只有 A 和 $\overline{A}$ 两种结果

---

① 隔离率的评价方法与此相同。

且相互对立,设在同一次试验中 A 发生的概率为 $0 < p < 1$。此时 n 次独立试验中出现结果 A 的总次数 k 是一个随机变量,且结果为

$$P\{X = k\} = C_n^k p^k q^{n-k}(k = 0, 1, 2, \cdots, n) \tag{4-7}$$

上述分布称为二项分布,X 服从参数为 n、p 的二项分布,记为 $X \sim b(n, p)$。

设连续型随机变量 X 的概率密度为

$$f(x) = \frac{1}{\sqrt{2\pi}\sigma} e^{\frac{-(x-\mu)^2}{2\sigma^2}} \quad (-\infty < x \leq \infty) \tag{4-8}$$

式中:σ、μ 为常数,$\sigma > 0$。上述分布称为 X 服从参数为 σ、μ 的正态分布,记为 $X \sim N(\mu, \sigma^2)$。

如果一个随机指标受到许多微小的独立的随机因素的影响,而其中任何一个因素都不起决定性作用,则可认为该随机指标服从或近似服从正态分布。

定理:设随机变量 $X_n \sim b(n, p)(0 < p < 1; n = 1, 2, \cdots)$,则对于任意 x 有

$$\lim_{n \to \infty}\left\{ \frac{X_n - np}{\sqrt{np(1-p)}} \leq x \right\} = \int_{-\infty}^{x} \frac{1}{\sqrt{2\pi}} e^{\frac{-t^2}{2}} dt = \Phi(x) \tag{4-9}$$

该定理就是概率论中著名的棣莫弗 - 拉普拉斯(DeMoivre - Laplace)定理,该定理是林德伯格 - 列维(Lindburg - Levy)定理的特殊情况。该定理表明,当 n 充分大时,二项分布可用正态分布来近似[47-49]。根据上述定理,$X_n - np / \sqrt{np(1-p)}$ 近似服从于 $N(0, 1)$ 或等价地 X_n 近似服从 $N(np, np(1-p))$,于是能够用正态分布近似来计算式(4-2),即

$$P\{X = k\} = C_n^k p^k q^{n-k} \approx \frac{1}{\sqrt{2\pi npq}} e^{-\frac{(k-np)^2}{2npq}} = \frac{1}{\sqrt{npq}} \varphi\left(\frac{k-np}{\sqrt{npq}}\right) \tag{4-10}$$

$$P\{a \leq X_n \leq b\} = P\left\{ \frac{a-np}{\sqrt{np(1-p)}} \leq \frac{X_n - np}{\sqrt{np(1-p)}} \leq \frac{b-np}{\sqrt{np(1-p)}} \right\}$$

$$\approx \Phi\left(\frac{b-np}{\sqrt{np(1-p)}}\right) - \Phi\left(\frac{a-np}{\sqrt{np(1-p)}}\right) \tag{4-11}$$

$P\{a \leq X_n \leq b\}$ 的精确值可以通过查标准正态分布函数表得到。原则上,式(4-10)和式(4-11)适用于任何给定的 P 和充分大的 n。不过,当 P 较大或较小时近似性差,关于 n 和 p 的要求有如下经验准则,需满足 $npq \geq 9$,应用时最好满足 $0.1 \leq P \leq 0.9$[49]。

因此,考虑双方风险和最低可接受值的置信下限估计按下式计算:

$$\text{FDR}_L = \text{FDR} + Z_\alpha \sqrt{\frac{\text{FDR}(1 - \text{FDR})}{N_{(\text{FD})}}} \qquad (4-12)$$

式中：$N_{(\text{FD})}$ 为试验样本总量；$n_{(\text{FD})}$ 为试验检测成功总次数；FDR_L 为故障检测率单侧置信下限。Z_α 为与置信度水平相关系数。

式(4-12)适用于无置信水平要求的考虑双方风险的试验方案与最低可接受值试验方案，根据正态分布和二项分布的相似性关系，在进行置信下限评估时，为保证评估结果的准确性，应用时最好满足 $0.1 \leqslant \text{FDR} \leqslant 0.9$。

4.4 截尾序贯试验方案

4.4.1 选取原则

在进行装备测试性验证试验时，如果所需故障样本量数量较大，则应在综合考虑试验的费效比的前提下，采用截尾序贯试验方法。

4.4.2 参数计算

测试性试验中采用的截尾序贯试验方案是以二项分布为基础，参考的标准为 GB 5080.5—85《设备可靠性试验成功率的验证试验方案》[45]，截尾序贯试验方案确定方法：首先根据要求的检测率指标 $q_{0(\text{FD})}$、$q_{1(\text{FD})}$、α、β，在 GB 5080.5—85《设备可靠性试验成功率的验证试验方案》的表 1 中查找出具体试验参数 $h_{(\text{FD})}$、$s_{(\text{FD})}$、$N_{t(\text{FD})}$、$C_{t(\text{FD})}$。其中：$h_{(\text{FD})}$ 为试验图总坐标截距；$s_{(\text{FD})}$ 为试验图接收和拒收斜线率；$N_{t(\text{FD})}$ 为截尾试验数；$C_{t(\text{FD})}$ 为截尾失败数。序贯试验图如图 4-1 所示。

当 $d \leqslant s_{(\text{FD})} n_s - h_{(\text{FD})}$ 时，试验做接收判据；当 $d \geqslant s_{(\text{FD})} n_s + h_{(\text{FD})}$ 时，试验做拒收判据；当 $s_{(\text{FD})} n_s - h_{(\text{FD})} \leqslant d \leqslant s_{(\text{FD})} n_s + h_{(\text{FD})}$ 时，继续试验。其中，d 为累积失败数，n_s 为累积试验数。

$s_{(\text{FD})}$、$h_{(\text{FD})}$ 可以由以下两式计算得出：

$$s_{(\text{FD})} = \frac{\ln \dfrac{q_{0(\text{FD})}}{q_{1(\text{FD})}}}{\ln \dfrac{q_{0(\text{FD})}}{q_{1(\text{FD})}} - \ln \dfrac{1 - q_{0(\text{FD})}}{1 - q_{1(\text{FD})}}} \qquad (4-13)$$

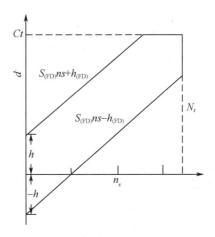

图 4 – 1　序贯试验图

$$h_{(FD)} = \frac{\ln \frac{1-s}{s}}{\ln \frac{q_{0(FD)}}{q_{1(FD)}} - \ln \frac{1-q_{0(FD)}}{1-q_{1(FD)}}} \qquad (4-14)$$

式中：

α 为生产方风险；

β 为使用方风险；

$q_{1(FD)}$ 为检测率的最低可接受值；

$q_{0(FD)}$ 为检测率的规定值。

当截尾序贯试验受试故障数为 $N_{t(FD)}$，即 $n_s = N_{t(FD)}$ 时，判据规则如下：

若 $d \leqslant C_{t(FD)}$，则接收；若 $d \geqslant C_{t(FD)}$，则拒收。

验证产品的隔离率，需要根据隔离率的指标要求 $q_{1(FD)}$、$q_{0(FD)}$、α 和 β 重新确定验证隔离率的试验参数 $h_{(FI)}$、$s_{(FI)}$、$N_{t(FI)}$、$C_{t(FI)}$。试验的原理和过程与检测率相同。试验借用检测率验证过程中的试验数据，如果数据不够则需进行补充。

4.4.3 样本序列生成

截尾序贯试验中采用按比例简单随机抽样法生成试验所需的全部序列。

1. 概述

截尾序贯试验中，设产品的故障模式总数为 M。

2. 点估计

点估计按下式进行计算：

$$FDR = \frac{n_{(FD)}}{N_{(FD)}} \qquad (4-15)$$

式中：$n_{(FD)}$ 为试验结束时的试验总量；$N_{(FD)}$ 为试验中检测成功的数量。

3. 置信下限

置信下限如图 4-2① 所示。

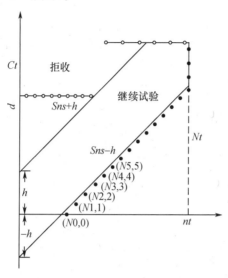

图 4-2　序贯试验接收或拒收示意图

截尾序贯试验中，产品的接收边界并不是光滑的直线，而是如图 4-2 所示的格子点组成，分别为 $(n_0,0)$，$(n_1,1)$，$(n_2,2)$，$(n_3,3)$，$(n_4,4)$，$(n_5,5)$，$(n_6,6)$，$\cdots$，(N_i,C_i-1)。如果产品最终是被接收，则将会落到图中的某个黑色的格子点上。

$n_0,n_1,\cdots,N_i$ 的计算方法如下：

当 X 方向的 $(Sn_s-h)=0$ 时，Y 方向的 n_0 为 n_s 向上取整的值。

当 X 方向的 $(Sn_s-h)=1$ 时，Y 方向的 n_1 为 n_s 向上取整的值。

同样，截尾序贯试验中，产品的拒收边界也不是光滑的，而是如图 4-2 所示的白色格子点所示。拒收格子点分别为

(N_i,C_i)，(N_i-1,C_i)，(N_i-2,C_i)，$\cdots$，$(m_{C_i-1}+2,C_i)$，(m_{C-1},C_i-1)，

$(m_{C_i-1}-1,C_i-1)$，$\cdots$，$(m_{C_i-2}+2,C_i-1)$，(m_{C_i-2},C_i-2)，

$(m_{C_i-2}+2,C_i-2)$，$\cdots$，$(m_{C-3}+2,C_i-2)$，$\cdots$，$(\bar{h},\bar{h})$

---

① 图 4-2 中的所有点均为示意标出，没有准确测量；m_i 为拒收的变量，n_i 为接收的变量。

其中,各值的计算公式为:

$(G_i - 1) = (Sn_s + h), m_{C_i-1} = n_s$ 向下取整的值;

$(G_i - 2) = (Sn_s + h), m_{C_i-2} = n_s$ 向下取整的值;

$(G_i - 3) = (Sn_s + h), m_{C_i-2} = n_s$ 向下取整的值。

式中:$\bar{h}$ 为截距 h 向上取整的值。

设产品于序贯图中的格子点(n_{1F}, F)停止试验,结果可能是拒收,也能是接收,但是应按照下式计算出检测率/隔离率的置信下限 $\mathrm{FDR_L}/\mathrm{FIR_L}$:

$$\sum_{i=0}^{F} p(\bar{i}) = 1 - C \qquad (4-16)$$

式中:C 为置信度。

即从$(0,0)$点开始,绕图$(4-2)$中的接收或拒收格子点逆时针旋转至(n_i, i),将途经的所有点的概率求和,其中 $p(\vec{i})$ 表示产品出现(n_i, i)的概率。例如,产品是在$(n_4, 4)$处被接收的,则需要计算从 $0 \sim 4$ 共 5 个格子点的概率的和。

测试性验证试验方案适用条件对比如表 4-2 所列,试验方案应依据实际需要进行选择。

表 4-2　测试性验证试验方案适用条件对比

试验方案		适用条件
定数截尾方案	考虑双方风险的验证方案	适用于验证有 α 和 β 要求的测试性参数值,不适用于有置信水平要求的情况
	最低可接收值验证方案	适用于验证有 C 要求的测试性参数的最低可接受值,不适用有 α 和 β 要求的情况
	估计参数量值的验证方案	适用于有置信水平要求的情况,不适用有 α 和 β 要求的情况
截尾序贯方案		适用于有 α 和 β 和测试性参数最低接受值要求的情况

第5章 典型对象测试性验证与评价

5.1 装备测试性验证与评价系统简介

基于故障注入的装备测试性验证与评价系统实物如图 5 - 1 所示。

(a) 实验室系统   (b) 外场试验方舱

图 5 - 1 装备测试性验证与评价系统实物

5.1.1 系统功能

1. 测试性验证与评价方案辅助生成功能

（1）具有 FMECA 分析功能。

（2）具有依据相关国家军用标准要求,进行试验样本空间计算、试验样本选取与分析功能。

（3）具有测试性指标验证及分析功能,能够评估装备的 FDR、FIR、CFDR 指标,并自动生成评估报告。

（4）能够依据 FMECA 分析结果,自动分析并形成关键故障库、自动评估试验样本对装备的危害度,形成重要信号库。

（5）符合 GJB2547A－2012《装备测试性工作通用要求》标准要求。

2. 故障注入功能

（1）具有故障参数设置功能,如故障注入点、故障模式、故障时延、故障周期、故障重复次数等。

（2）具有总线故障注入功能,包括 1553B、CAN、Flex Ray、LAN、RS232/422/485 等多种总线;提供物理层、电气层以及协议层故障注入功能。

（3）具有模拟信号故障注入功能,能够产生断路、短路、信号畸变、信号超差、叠加噪声五种故障模式。

（4）具有数字信号故障注入功能,能够产生断路、幅度变化、固高、固低、桥接、串电阻五种故障模式。

（5）具有探针故障注入功能,能够产生断路、幅度变化、固高、固低、桥接、串电阻五种故障模式;并具有过压、过流保护功能。

（6）具有转接板故障注入功能,用于部分模拟或数字故障注入。

（7）能够实时监控并显示故障注入信号的过程及状态。

（8）系统具有自检功能。

（9）支持故障模式设置预留和扩展。

3. 装备运行监控功能

（1）具有实时监控功能,能够实时监测、显示并记录装备的外部接口数据及状态信息。

（2）能够依据重要信号库,突出显示受注入故障影响重大和对装备危害影响度高的信号。

（3）具有数据表格显示以及波形显示等两种监测数据显示方式。

（4）具有数据回显、离线分析等功能。

（5）系统具有自检功能。

4. 自动测试功能

（1）测试诊断流程配置、管理与执行功能。

（2）诊断算法配置与执行功能。

（3）依据测试诊断流程自动完成装备外部测试与 BIT 测试,并自动生成测试报告和诊断报告。

5.1.2 系统构成

系统构成如图 5 – 2 所示。

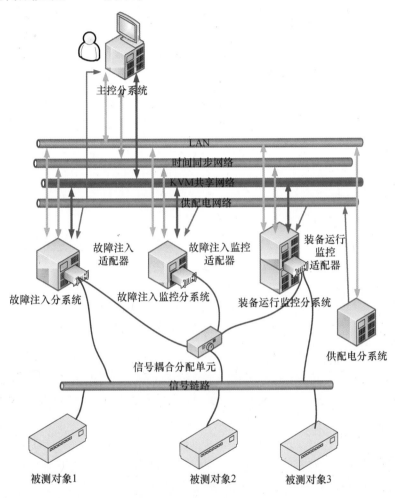

图 5 – 2 系统构成

1. 硬件平台组成

硬件平台包含主控分系统、故障注入分系统、故障注入监控分系统、装备运行监控分系统和供配电分系统,如图 5 – 3 所示。

主控分系统实现验证系统管理、测试性试验程序配置、验证系统运行控制、数据管理分析服务、网络控制等功能,包含主控计算机、时间同步服务器、时钟网络交换机、LAN 网络交换机、集成 KVM 等主要设备;

故障注入分系统、故障注入监控分系统均由安装在故障注入监控分系统的嵌入式控制器控制,该嵌入式控制器实现对来自主控分系统的网络命令解

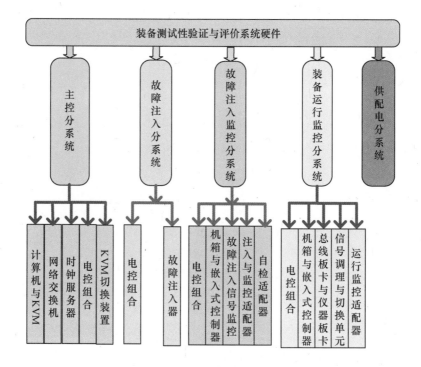

图 5 – 3 系统硬件平台组成

析、配置数据解析和加载,通过 LAN 控制故障注入器实现故障注入功能,通过 PXI 总线实现注入的故障信号的监控功能;主要包括基于 LXI 的故障注入器、基于 PXI 的测试仪器和部分台式仪器、注入及故障监控适配器电缆、故障注入接口卡等硬件设备。

装备运行监控分系统包括监控 PXI 仪器、信号耦合分配器、监控适配器及电缆等硬件设备。

供配电分系统实现对验证系统和装备的供电。

对于复杂装备,应增加装备基本运行状态模拟器/ATE 分系统,包括通用 PXI 仪器、模拟器适配器及电缆、ATE 适配器及电缆、信号耦合分配器等,实现复杂装备运行状态的模拟和装备工作状态的检测。

2. 软件平台组成

根据对设备功能需求分析,设备软件平台需要具有 FMEA 分析功能、故障注入控制功能、故障注入过程监控功能、对被测对象的状态监控功能、测试性评价功能等。为满足功能需求,验证系统软件包括主控软件、故障注入及监控执行软件、装备运行状态监控软件等,如图 5 – 4 所示。

主控软件是设备的控制核心,可完成系统管理、工程管理、试验程序开发

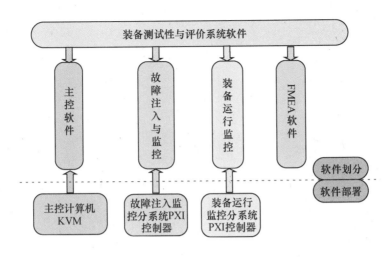

图 5-4　系统软件平台组成

配置、运行控制和数据处理服务;主控软件可调用对选择的故障样本进行
FMECA,形成重要信号库传递给监控软件,调用分析软件实现测试性指标评
价的样本库生成;并提供数据分析、显示等功能;该软件部署在主控计算机。

　　故障注入和监控执行软件实现故障注入和信号监控功能;运行中可将测
试数据和分系统的运行状态实时传送到主控计算机,并可在本地接入 KVM,
实现数据的本地显示;该软件部署在故障注入监控分系统。

　　装备运行状态监控软件负责调用监控设备,完成监控执行功能。同时,
能突出显示受注入故障影响重大和对装备危害影响度高的信号;该软件驻留
在装备运行状态监控分系统。

　　进行试验时,首先通过故障注入分系统,实现实装故障物理注入;其次由
状态监控分系统对故障注入过程进行实时监控,确保故障安全加载和有效传
播;然后被测装备(UUT)的测试诊断系统(BIT、外部自动测试系统或手动测
试系统)将测试诊断结果送给评估计算分系统,计算给出装备实际的测试性
设计指标(故障检测率、故障隔离率等),并利用装备状态监控分系统监测到
装备状态信息进一步识别测试性设计缺陷(BIT、外部自动测试系统或手动测
试系统设计方面存在的问题),为改进设计提供决策建议。

5.2　装备测试性研制与评价流程

　　基于本书第 2~4 章有关内容,主要采取实装故障注入的方式对装备测试

性设计中的故障检测率、故障隔离率进行定量考核,主要分为 7 个阶段,如图 5 - 5所示。

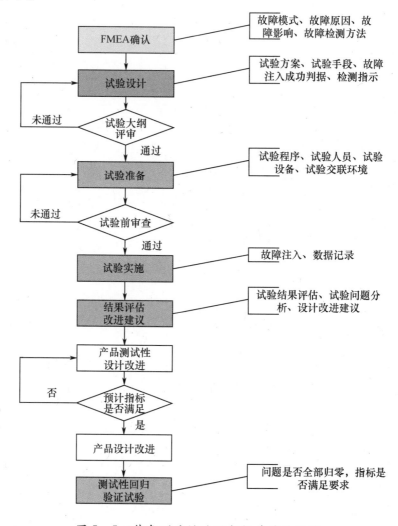

图 5 - 5   装备测试性验证与评价试验流程

5.2.1 FMECA 确认阶段

它是开展测试性验证试验的基础,装备 FMECA 报告是测试性验证试验的重要输入文件。具体表现在三个方面:

(1)故障样本抽样依据层次划分和故障发生概率的数据。

(2)故障注入策略依据故障原因和故障检测判据。

(3)指标评价需要对应故障检测方法。

FMECA 确认的主要工作如图 5 - 6所示。

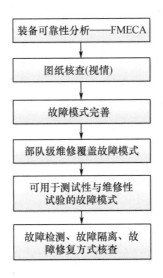

图 5-6　FMECA 确认的主要工作

5.2.2　试验设计阶段

试验设计就是要对试验方案、试验所用故障样本等进行设计,最终形成试验大纲。试验设计的主要工作如图 5-7 所示。

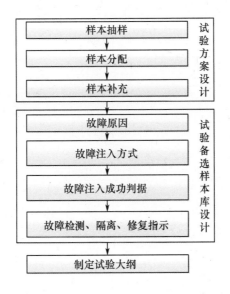

图 5-7　试验设计的主要工作

5.2.3 试验准备阶段

试验准备主要依据试验大纲,准备相关实验资源,搭建试验环境,同时完成试验用例的编制,形成试验程序。试验准备的主要工作如图 5-8 所示。

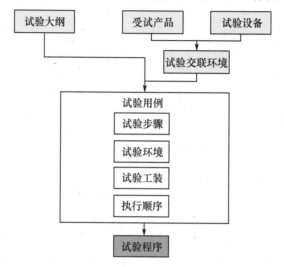

图 5-8 试验准备的主要工作

5.2.4 试验实施阶段

试验实施主要是依据试验大纲和试验程序,实施故障注入试验,同时进行状态监控,同步完成数据记录工作。试验实施的主要工作如图 5-9 所示。

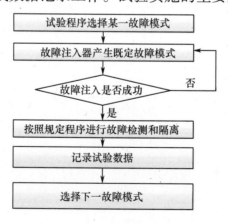

图 5-9 试验实施的主要工作

5.2.5　结果评估阶段

结果评估主要是根据试验相关数据,对测试性设计指标进行计算,给出相关技术指标评价结果,并撰写试验报告。结果评估的主要工作如图 5 – 10 所示。

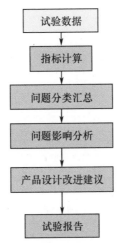

图 5 – 10　结果评估的主要工作

5.2.6　设计改进阶段

主要针对试验发现的问题,提出具体改进完善意见和建议。设计改进的主要工作如图 5 – 11 所示。

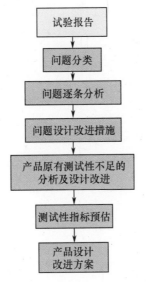

图 5 – 11　设计改进的主要工作

5.2.7 回归验证阶段

对于处于研制阶段的装备来说,应当对试验发现的问题进行归零处理,然后重新启动测试性验证试验工作,确保问题归零。回归验证的主要工作如图 5 - 12 所示。

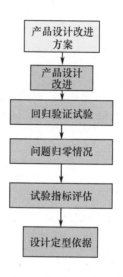

图 5 - 12 回归验证的主要工作

5.3 被测对象分析

5.3.1 功能组成

某设备包括 CPU 板、多功能板、异步通信板、同步通信板、A/D 转换板、开关量输入输出板(3 块)、电源模块、ISA 底板、机箱。其功能框图如图 5 - 13 所示。

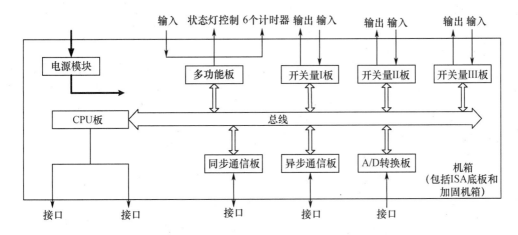

图 5 – 13　某设备功能框图

测试性设计要求

某设备的设计应考虑易于测试,主要技术指标如下:

(1) 故障检测率 FDR:95% 。

(2) 故障隔离率 FIR:90%,隔离模糊度小于 3。

(3) 隔离层级:板级。

FMECA 确认

某设备中各个插板、电源模块及机箱的故障模式和故障影响分析采用功能法和硬件法相结合的方法对全部危害性进行分析,最终确定了 47 种故障模式,部分结果如表 5 – 1 所列。

表 5 - 1 FMECA(部分)

产品或功能标志	功能	故障模式	故障原因	局部影响	上级影响	最终影响	严酷度等级	故障影响概率	故障模式频数比	故障率	产品危害度
机箱	提供组合中各插板之间的线路连接以及将各插板的输入、输出信号转接到加固机箱前后面板上的连接器	电压无输出故障	电容发生短路故障	电压输出不正常	某设备无法工作	任务失败	III	1	2.5	0.1161	0.0017415
		插板故障	断路	电压输出不正常	某设备无法工作	任务失败	II	1	31.5	0.000092	0.000017388
		电源滤波器故障	器件性能下降	无 +27V 电源输入	某设备无法工作	任务失败	III	1	2.5	0.8693	0.0130395
		前面板 +27V 指示灯故障	器件性能下降	对应指示灯不亮	无影响	无影响	IV	0.01	23.5	0.009274	0.000013
		前面板 9 个状态指示灯故障	器件性能下降	对应指示灯亮	指示灯亮,报虚警	影响故障定位	IV	0.01	20	0.0434	0.00005208
		复位按键故障	器件性能下降	按键不能正常抬起或按下	某设备不能复位	无影响	IV	0.001	20	5.4	0.000648
电源模块	提供组合中各模块工作所需的电源	某种电压无输出	工艺缺陷、焊点开路等	电压输出不正常	某设备工作失败	任务失败	III	1	30	1.6	0.288
		输出欠电压	器件性能下降	电压输出不正常	通信不稳定	任务失败	III	1	30	1.6	0.288
		输出过电压	器件性能下降	电压输出不正常	模/数转换异常	任务失败	III	1	30	1.6	0.288

5.4　试验大纲编制要点

5.4.1　试验方案

1. 初步样本量

根据受试单位提供的 FMECA 分析报告以及其他文件材料,对故障模式的有效性以及故障模式层次的合理性进行了确认。某设备的组合级共有 47 种故障模式($n_1 = 47$),无非电类故障模式($n_2 = 0$),独立的电子类 SRU 故障模式总数为 0 个($n_3 = 0$),可知 $n_1 + n_2 + n_3 = 47$。

某设备采用最低可接受值方案,最小样本量估计法,按照故障检测率为 95%、置信度为 0.95 查表,在多组样本量中选取大于 $n_1 + n_2 + n_3$ 的最小值作为初步试验样本 $N = 59$。其中:n_1 为组合级故障模式总数;n_2 为非电类 LRU 级故障模式总数;n_3 为独立的电子类 LRU 级故障模式总数(不是由功能电路级传递上来的 LRU 级故障模式);N 为初步样本量。

2. 样本量分配

试验样本量分配采用分层按比例分配方法。由于某设备的检测层级为功能单元级,因此只分配一层,分配的样本量如表 5 - 2 所列。

表 5 - 2　某设备测试性验证试验样本分配表(部分)

序号	所属单元	故障模式				分配样本量	补充样本量
		编码	名称	故障检测方法	故障率		
1	电源模块	6F5001 - 01 - 01	无 +27V 输入	机内测试	0.19	1	0
2		6F5001 - 01 - 02	+5V 无输出	机内测试	0.19	2	0
3		6F5001 - 01 - 03	+5V 欠压或过压	内场测试设备	0.19	2	0
4		6F5001 - 01 - 04	+12V 无输出	机内测试	0.19	0	1
5		6F5001 - 01 - 05	+12V 过压或欠压	机内测试	0.19	2	0
6		6F5001 - 01 - 06	-12V 无输出	机内测试	0.19	2	0
7		6F5001 - 01 - 07	-12V 过压或欠压	机内测试	0.19	2	0
8		6F5001 - 01 - 08	隔离 5V 无输出	机内测试	0.19	1	0
9		6F5001 - 01 - 09	隔离 5V 欠压或过压	机内测试	0.19	2	0

（续）

序号	所属单元	故障模式				分配样本量	补充样本量
		编码	名称	故障检测方法	故障率		
10	机箱	6F5001 - 00 - 01	电源滤波器故障	内场测试设备	0.12	2	0
11		6F5001 - 00 - 02	前面板 + 27V 指示灯故障	机内测试	0.12	1	0
12		6F5001 - 00 - 03	前面板 9 个状态指示灯故障	机内测试	0.12	0	1
13		6F5001 - 00 - 04	复位按键故障	机内测试	0.12	1	0

3. 样本量补充

对于未被抽到的故障模式，从样本覆盖充分性的原则出发，将这些故障模式的样本量确定为1。根据表 5 - 2 计算，某设备的初步样本量 59 和补充样本量 8，本次试验最终试验样本量为 67。

4. 备选故障样本库

本次试验中，依据抽样和补充后确定的各种故障模式的样本量建立备选样本库，每个故障模式对应的备选故障样本总数原则上应大于分配给该故障模式的样本量；对于分配的样本量大于该故障模式所能实现的故障注入方法总量时，按顺序循环重复注入。同一个故障模式备选样本应按照最易导致该故障模式发生的，且易实现的等因素进行选择排序。备选样本库（部分）如表 5 - 3 所示。

5. 参数评估

按照要求，本次试验结束后，对某设备给出故障检测率、故障覆盖率等测试性指标评估值。其中，故障检测率按照受试产品的一级维修指标中使用 BIT 时和二级维修指标中使用 ATE 时分别计算点估计值和单侧置信下限估计值，对于一级维修指标中各类 BIT 的故障检测率，只计算点估计值；故障覆盖率按照受试产品的一级维修指标中使用 BIT 时和二级维修指标中使用 ATE 时分别计算点估计值。

表 5 - 3 备选故障样本库（部分）

单元	故障模式编码	故障模式	故障原因	注入类型	试验手段	成功判据	故障检测方法	检测判据 BIT	隔离判据 内场设备	不可注入原因	预计执行次数 初步样本	预计执行次数 补充样本
电源模块	6F5001-01-01	无 +27V 输入	元件引脚或焊点开路	基于插拔注入	断开输入	无 +27V 输入	机内测试	—	无 +27V 输入	—	1	—
	6F5001-01-02	+5V 无输出	元件引脚或焊点开路	基于转接板注入	断开输出	面板 +5V 无输出	机内测试	—	+5V 无输出	—	1	—
	6F5001-01-02	+5V 无输出	元件引脚或焊点开路	基于转接板注入	断开输出	面板 +5V 无输出	机内测试	—	+5V 无输出	—	1	—
	6F5001-01-03	+5V 欠压或过压	力学或环境影响	基于转接板注入	断开输出	面板 +5V 欠压	内场测试设备	—	+5V 欠压	—	1	—
	6F5001-01-03	+5V 欠压或过压	力学或环境影响	基于转接板注入	断开输出	面板 +5V 欠压	内场测试设备	—	+5V 欠压	—	1	—
	6F5001-01-04	+12V 无输出	元件引脚或焊点开路	基于转接板注入	断开输出	面板 +12V 无输出	机内测试	—	+12V 无输出	—	1	—
	6F5001-01-05	+12V 过压或欠压	力学或环境影响	基于转接板注入	拉低输出	面板 +12V 欠压	机内测试	—	+12V 欠压	—	1	—
	6F5001-01-05	+12V 过压或欠压	力学或环境影响	基于转接板注入	拉低输出	面板 +12V 欠压	机内测试	—	+12V 欠压	—	1	—
	6F5001-01-06	-12V 无输出	元件引脚或焊点开路	基于转接板注入	断开输出	-12V 无输出；AD J127Test Fail	机内测试	—	—	—	1	—
	6F5001-01-07	-12V 过压或欠压	力学或环境影响	基于转接板注入	拉低输出	面板 -12V 欠压	机内测试	—	-12V 欠压	—	1	—
	6F5001-01-07	-12V 过压或欠压	力学或环境影响	基于转接板注入	拉低输出	面板 -12V 欠压	机内测试	—	-12V 欠压	—	1	—
	6F5001-01-08	隔离 +5V 无输出或欠压	元件引脚或焊点开路	基于转接板注入	断开输出	隔离 +5V 无输出；Time Out	机内测试	Time Out	—	—	1	—
	6F5001-01-09	隔离 +5V 欠压或过压	力学或环境影响	基于转接板注入	拉低输出	面板隔离 +5V 欠压	机内测试	—	隔离 +5V 欠压	—	1	—
	6F5001-01-09	隔离 +5V 欠压或过压	力学或环境影响	基于转接板注入	拉低输出	面板隔离 +5V 欠压	机内测试	—	隔离 +5V 欠压	—	1	—

5.4.2 试验条件

1. 试验设备

试验设备主要指参试设备,表5-4给出本次试验所需的参试设备清单。

表5-4 参试设备清单

序号	设备名称	设备型号	数量	主要性能参数
1.	测试性验证与评价系统	OTITES-01	1台	包含程控电压/电流源模块、控制开关、数字故障注入器、模拟故障注入器、422总线故障注入器、示波器和测试仪器
2.	转接电缆		1套	—
3.	数字多用表	FLUKE17B	1块	交、直流电压:1mV~750V 交、直流电流:0.01mA~20A 电容:0.01nF~200μF 频率:1Hz~200kHz
4.	示波器	MSO7054B	1台	通道数:4 带宽:300MHz 时基精度:±1% 触发灵敏度:0.5mV

所需测试软件见表5-5。

表5-5 测试软件

名称	型号	要求	数量
TPS开发软件	—	可正常使用	1
测试性评价软件	—	可正常使用	1

2. 试验环境

试验环境主要指完成本次试验所需的试验系统。某设备测试性试验的系统交联关系及工作原理如图5-14所示。

试验开始前,试验单位人员应按照试验系统的交联关系及工作原理搭建试验系统并进行调试,调试正常后方可投入试验。

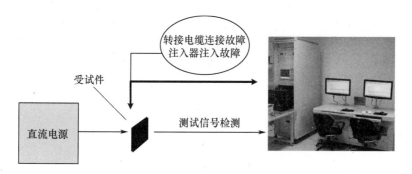

图 5 – 14　某设备的测试性试验交互关系

5.4.3　试验判据

1. 受试装备完好状态判据

1）测试仪器

专用二线测试设备：DSQ2160A。

2）测试步骤

（1）按照图 5 – 15 连接某设备和测试仪器。

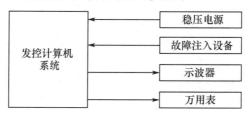

图 5 – 15　仪器连接

（2）将 ±27V 电源、信号发生器、示波器的地相互连接。

（3）调整 +27V 电源，使输出电压误差不超过 ±0.5V。

（4）接通 ±27V 电源。

（5）将数字 I/O 的频率设置为 1MHz。

（6）按记录表格在相关输入点加入信号。

（7）开启自动测试设备，测试并记录对应输出信号，记录数据至表 B5。

（8）关闭电源、信号源和示波器。

3）验收合格依据

（1）额定电压：模拟电路电源直流电压输出 ±12（1 ±5%）V，消耗电流 ≤400mA。

（2）额定电压：数字电路电源直流电压输出 ±5（1 ±5%）V，消耗电流 ≤400mA。

（3）工作频率范围：1～2MHz。

（4）输入输出信号：符合标准 TTL 电平标准，高电平 ≥2.4V，低电平 ≤0.4V。

（5）正信号输出：3.5～5.5V。

（6）负信号输出：-1～+1V。

2. 故障检测判据

某设备故障检测为内场测试设备检测，内场测试设备检测通过测试受试产品的对外接口节点电压、幅值等参数，判断故障检测是否成功。

3. 故障隔离判据

目前，由于装备所处研制阶段，受试某设备的技术状态未对隔离指示进行设计，故该部分内容暂时为无。

5.4.4 试验程序

某设备试验用例执行顺序综合考虑各故障注入方法的难易程度及对受试产品可能产生的影响程度等因素。各试验用例的编号按照执行顺序编号，所有试验人员应严格依照试验用例的编号顺序执行。没有特殊情况，不得改变执行顺序。每个试验用例严格按照用例中的详细操作步骤执行。该部分内容按照 5.5 节执行。

5.4.5 不可注入故障审查

经审查，本次试验无不可注入故障。

5.5 试验用例及执行顺序确定

5.5.1 执行顺序

试验用例执行顺序综合考虑各故障注入方法的难易程度及对受试产品可能产生的影响程度等因素。各试验用例的编号按照执行顺序编号，所有试验人员应严格依照试验用例的编号顺序执行。没有特殊情况,不得改变执行顺序。本次试验样本执行顺序按照直流电源板、炮车控制板、轴角转换板、通信管理板、系统主控板、电子变流板顺序执行,在每个模块中按照转接板式、外部总线、探针式、插拔式故障注入进行排序。每个试验用例严格按照用例中的详细操作步骤执行。

5.5.2　试验用例

本次试验共编写试验用例 67 个,其中,探针式故障注入用例 34 个,插拔式故障注入用例 8 个,转接板式 14 个,基于总线的 8 个。

机内测试/内场测试设备检测 67 个。

每个可注入试验样本对应一个试验用例,试验用例以表格的形式给出,如表 5 – 6 ~ 表 5 – 9(限于篇幅,这里仅按照基于插拔注入、基于转接板注入、基于探针注入和基于总线注入等四种类型,每类给出一个试验用例)。

表 5 – 6　基于插拔注入实例

试验用例编号		6F5001 – T – 01
故障样本	对应样本说明	外界输入异常
	所属组成单元	电源模块
	所属故障模式名称及编码	无 + 27V 输入/6F5001 – 01 – 01
	故障注入方法	□外总线　□转接板　□探针　□软件　■插拔　□其他
	检测方法	□在线 BIT　□加电 BIT　□启动 BIT　□人工检查　■内场测试设备　□其他
判据	注入成功判据	电源指示灯不亮
	检测判据	×××插头无电压输出
	隔离判据	
故障注入	实现方法	供电电缆断路
	执行步骤	① 将某设备放置于试验台。 ② 供电电缆断开。 ③ 将受试产品与专用测试仪连接。

(续)

试验用例编号		6F5001 - T - 01
故障注入	执行步骤	④ 启动电源和专用测试仪,依据故障注入成功判据,判断故障注入是否成功。如果故障注入成功,则在检测仪上观测是否有故障检测指示,并将实际检测结果填写注入故障数据记录表;如果注入不成功,则终止该用例,按照顶层文件要求进行用例更改;如果发生与本故障无关的其他故障,则记入受试产品的故障报告表,并按大纲中受试产品故障处理程序执行。 ⑤执行故障撤销,停止受试产品运行,断开电源。 ⑥断开受试产品与测试设备的连接,将 W306 供电电缆连接回原位,将某设备放回原位置。 ⑦受试产品加电并正常运行后,运行测试程序,按照受试产品完好状态检查进行性能检测,确认产品完好状态,填写故障注入数据记录表。 ⑧停止受试产品运行,断电。若受试产品状态正常,则进行下一个用例;若受试产品状态异常,按大纲中受试产品故障处理程序执行
试验条件	试验设备	验证与评价系统,专用电缆若干,数字多用表,直流电源
试验条件	试验件数量	1
备注:		

表 5 - 7　基于转接板注入实例

试验用例编号		6F5001 - T - 02
故障样本	对应样本说明	输出异常
故障样本	所属组成单元	电源模块
故障样本	所属故障模式名称及编码	无 +5V 输出/6F5001 - 01 - 02
故障样本	故障注入方法	□外总线　■转接板　□探针　□软件　□插拔　□其他
故障样本	检测方法	□在线 BIT　□加电 BIT　□启动 BIT　□人工检查　■内场测试设备　□其他
判据	注入成功判据	面板 +5V 无电压输出
判据	检测判据	面板 +5V 无电压输出
判据	隔离判据	

（续）

试验用例编号		6F5001 – T – 02
故障注入	实现方法	断开适配器开关
	执行步骤	① 将某设备放置于试验台。 ② 将受试产品与专用测试仪连接。 ③ 断开适配器开关。 ④ 启动电源和专用测试仪,依据故障注入成功判据,判断故障注入是否成功。如果故障注入成功,则在检测仪上观测是否有故障检测指示,并将实际检测结果填写注入故障数据记录表;如果注入不成功,则终止该用例,按照顶层文件要求进行用例更改;如果发生与本故障无关的其他故障,则记入受试产品的故障报告表,并按大纲中受试产品故障处理程序执行。 ⑤ 执行故障撤销,停止受试产品运行,断开电源。 ⑥ 断开受试产品与测试设备的连接,将供电电缆连接回原位,将某设备放回原位置。 ⑦ 受试产品加电并正常运行后,运行测试程序,按照受试产品完好状态检查进行性能检测,确认产品完好状态,填写故障注入数据记录表。 ⑧ 停止受试产品运行,断电。若受试产品状态正常,则进行下一个用例;若受试产品状态异常,则按大纲中受试产品故障处理程序执行
试验条件	试验设备	验证与评价系统,专用电缆若干,数字多用表,直流电源
	试验件数量	1
备注:		

表 5 – 8　基于探针注入实例

试验用例编号		6F5001 – T – 15
故障样本	对应样本说明	不能进行数字电压到模拟电压的转换
	所属组成单元	A/D 转换板
	所属故障模式名称及编码	D/A 转换故障/6F5001 – 02 – 01
	故障注入方法	□外总线　□转接板　■探针　□软件　□插拔　□其他
	检测方法	■在线 BIT　□加电 BIT　□启动 BIT　□人工检查　□内场测试设备　□其他

（续）

试验用例编号		6F5001 – T – 15
判据	注入成功判据	BIT:Test Fail
	检测判据	BIT:Test Fail
	隔离判据	
故障注入	实现方法	AD667 第 1 脚固低
	执行步骤	① 将某设备放置于试验台。 ② 将受试产品与专用测试仪连接。 ③ 芯片第 1 脚固低。 ④ 启动电源和专用测试仪,依据故障注入成功判据,判断故障注入是否成功。如果故障注入成功,则在检测仪上观测是否有故障检测指示,并将实际检测结果填写注入故障数据记录表;如果注入不成功,则终止该用例,按照顶层文件要求进行用例更改;如果发生与本故障无关的其他故障,则记入受试产品的故障报告表,并按大纲中受试产品故障处理程序执行。 ⑤ 执行故障撤销,停止受试产品运行,断开电源。 ⑥ 断开受试产品与测试设备的连接,将供电电缆连接回原位,将某设备放回原位置。 ⑦ 受试产品加电并正常运行后,运行测试程序,按照受试产品完好状态检查进行性能检测,确认产品完好状态,填写故障注入数据记录表。 ⑧ 停止受试产品运行,断电。若受试产品状态正常,则进行下一个用例;若受试产品状态异常,则按大纲中受试产品故障处理程序执行
试验条件	试验设备	验证与评价系统,专用电缆若干,数字多用表,直流电源
	试验件数量	1
备注:		

表 5 – 9　基于总线注入实例

试验用例编号		6F5001 – T – 19
故障样本	对应样本说明	信息字乱码
	所属组成单元	AD 转换板
	所属故障模式名称及编码	译码控制功能故障/6F5001 – 02 – 04
	故障注入方法	■外总线　□转接板　□探针　□软件　□插拔　□其他
	检测方法	■在线 BIT　□加电 BIT　□启动 BIT　□人工检查　□内场测试设备　□其他

（续）

试验用例编号		6F5001 - T - 19
判据	注入成功判据	AD 指示灯亮
	检测判据	AD 指示灯亮
	隔离判据	
故障注入	实现方法	制造信息字乱码
	执行步骤	① 将某设备放置于试验台。 ② 将受试产品与专用测试仪连接。 ③ 制造信息字乱码。 ④ 启动电源和专用测试仪,依据故障注入成功判据,判断故障注入是否成功。如果故障注入成功,则在检测仪上观测是否有故障检测指示,并将实际检测结果填写注入故障数据记录表;如果注入不成功,则终止该用例,按照顶层文件要求进行用例更改;如果发生与本故障无关的其他故障,则记入受试产品的故障报告表,并按大纲中受试产品故障处理程序执行。 ⑤ 执行故障撤销,停止受试产品运行,断开电源。 ⑥ 断开受试产品与测试设备的连接,将供电电缆连接回原位,将某设备放回原位置。 ⑦ 受试产品加电并正常运行后,运行测试程序,按照受试产品完好状态检查进行性能检测,确认产品完好状态,填写故障注入数据记录表。 ⑧ 停止受试产品运行,断电。若受试产品状态正常,则进行下一个用例;若受试产品状态异常,则按大纲中受试产品故障处理程序执行
试验条件	试验设备	验证与评价系统,专用电缆若干,数字多用表,直流电源
	试验件数量	1
备注:		

5.6 试验报告要点

5.6.1 试验过程

1. 受试产品监控

在本次试验实施过程中,由试验单位监督整个试验的实施,并在每执行完一次故障注入操作(故障撤销)后,由承试单位和承制单位参试人员对受试产品的状态进行检测并将检测结果记录在"注入故障数据记录表"中。受试产品监控过程中未发现产品有异常。

2. 试验设备监控

对某设备试验实施过程中,试验单位的试验人员对所有参试设备进行监控,并对环境条件进行记录,同时填写试验日志。

试验实施过程中,未发现参试设备有故障情况发生。

3. 试验用例执行

本次试验严格按照《某设备测试性验证试验程序》中规定的试验用例执行顺序及每个试验用例的执行步骤执行。

本次试验共执行了 67 个试验用例,不包括更改用例。

4. 试验中发现的不可注入故障

试验实施中未发现不可注入故障。

5. 试验用例更改

无

6. 试验记录

试验实施过程中,对执行的 67 个试验用例均按照试验大纲中的记录要求进行了记录,并履行了相关签字手续。

7. 试验数据整理、分析与汇总

试验实施结束后,对所有试验数据,包括注入故障数据、不可注入故障数据及自然故障数据进行了整理与汇总,部分汇总情况见表 5 – 10。

表 5 – 10　某设备故障数据记录表(部分)

序号	故障模式编码	故障模式	故障检测方法	检测	
				BIT	内场设备
1	6F5001 – 01 – 01	无 +27V 输入	机内测试	√	—
2	6F5001 – 01 – 02	+5V 无输出	机内测试	√	—
3	6F5001 – 01 – 03	+5V 欠压或过压	内场测试设备	×	√
4	6F5001 – 01 – 04	+12V 无输出	机内测试	√	—
5	6F5001 – 01 – 05	+12V 过压或欠压	机内测试	√	—
6	6F5001 – 01 – 06	–12V 无输出	机内测试	√	—

（续）

序号	故障模式编码	故障模式	故障检测方法	检测	
				BIT	内场设备
7	6F5001 – 01 – 07	–12V 过压或欠压	机内测试	√	—
8	6F5001 – 01 – 08	隔离 +5V 无输出	机内测试	√	—
9	6F5001 – 01 – 09	隔离 +5V 欠压或过压	机内测试	√	—
10	6F5001 – 07 – 01	主板故障	不可测	×	×
11	6F5001 – 07 – 02	锂电池没电	机内测试	√	—
12	6F5001 – 00 – 01	电源滤波器故障	内场测试设备	—	√
13	6F5001 – 00 – 01	电源滤波器故障	机内测试	√	—
14	6F5001 – 00 – 02	前面板 +27V 指示灯故障	机内测试	√	—
15	6F5001 – 00 – 03	前面板 9 个状态指示灯故障	机内测试	√	—
16	6F5001 – 00 – 04	复位按键故障	机内测试	√	—

5.6.2　指标评估

根据《某设备测试性验证试验大纲》的要求,试验报告需要给出的某设备的相关测试性指标项目的评估指标值见表 5 – 11(本指标计算过程只做示意使用,不代表真实数据,下同)。

表 5 – 11　某设备故障内场测试设备检测率评估指标值

样本量	检测成功样本数		故障检测率/%			
	一级(BIT)	二级(BIT + 内场测试设备)	一级		二级	
			点估计	单侧置信下限	点估计	单侧置信下限
67	55	62	82.08	82.11	92.53	92.56

5.6.3　发现问题及影响分析

1. 发现问题

本次某设备的测试性验证试验共发现 5 条问题,见表 5 – 12。

表 5 - 12　某设备测试性验证试验测试问题清单

序号	单元	编号	故障模式	检测方法	检测是否成功	检测指示	问题分类	问题简要分析	设计改进建议	影响分类	影响分析
1	模块	—	故障模式 1	—	是/否	正常/异常	—	—	—	—	—
2		—	故障模式 2	—	是/否	未见异常	—	—	—	—	—

表 5 - 12 中的问题大致可以分为两类,各类问题统计情况见表 5 - 16。

表 5 - 13　某设备故障内场测试问题分类统计

问题用例总数	问题故障模式总数	测试性设计问题					产品功能设计缺陷	其他
		未进行 BIT 设计	只设计硬件未设计软件	BIT 设计缺陷	内场测试设备设计缺陷	实际检测方式与 FMECA 不符		
5	5	0	0	2	0	0	3	0
		0	0	40%	0	0	60%	0

由表 5 - 13 可以看出,由于 BIT 设计缺陷为主的测试性设计问题并不多,更多的内场测试问题是 CPU 板上的故障导致的系统问题,属于产品设计的缺陷。同时,再结合表 5 - 11 的结果,可以看出某设备内场测试检测率较高,说明其测点引出比较合理,同时 BIT 检测率也较高,几乎只有在系统不上电或 BIT 无法工作时才难以进行 BIT 检测。由此可见,该装备测试性设计是比较出色的。

2. 影响分析

本次某设备的测试性验证试验发现的 BIT 问题故障模式总数为 7 个,见表 5 - 14。

表 5 - 14　某设备测试性验证试验 BIT 检测问题清单

序号	单元	编号	故障模式	检测方法	检测是否成功	检测指示	问题分类	问题简要分析	设计改进建议	影响分类	影响分析
1	模块	—	故障模式 1	—	是/否	正常/异常	—	—	—	—	—
2		—	故障模式 2	—	是/否	未见异常	—	—	—	—	—

BIT 检测问题的影响大致可分为两类,统计情况见表 5 - 15。

表 5-15 某设备测试性验证试验问题影响分析统计

问题用例总数	问题故障模式总数	影响分析						
		BIT误报	BIT 不报			内场无法排除故障	内场不能准确定位故障	无影响
			外场不能准确定位故障	无法触发应急处置措施	带故工作			
12	7	—	4	—	3	—	2	—
		—	57.14%	—	42.86%	—	28.57%	—

本次某设备 BIT 检测共有 12 个问题用例,针对发现问题给出以下设计改进建议:

(1)对于 BIT 设计不完善的故障模式,建议设计单位参考本次试验结果,对 BIT 检测进行调整,同时修改相关软件,增加 BIT 检测的功能,提高 BIT 检测效率。

(2)对于 BIT 无法工作时设计的故障模式,建议在结合装备特性,适当考虑增加外部测试点,以提高装备外场测试保障效率。

表 5-16 某设备测试性验证试验内场测试问题清单

序号	单元	编号	故障模式	检测方法	检测是否成功	检测指示	问题分类	问题简要分析	设计改进建议	影响分类	影响分析
1	模块	—	故障模式1	—	是/否	正常/异常	—	—	—	—	—
2		—	故障模式2	—	是/否	未见异常	—	—	—	—	—

参 考 文 献

［1］石君友．测试性设计分析与验证［M］.北京:国防工业出版社,2011.

［2］国防科学技术委员会．装备测试性工作通用要求:GJB 2547A-2012[S].北京:国防科工委军标出版社,2012.

［3］田仲,石君友．系统测试性设计分析与验证［M］.北京:北京航空航天大学出版社,2003.

［4］US Department of Defense. Testability Program for Systems and Equipment:MIL-HDBK-2165[S] United States of American:Department of Defense,1993.

［5］邱静,刘冠军,等．装备测试性建模与设计技术［M］.北京:科学出版社,2012.

［6］黄考利,连光耀,等．装备测试性设计建模及应用［M］.北京:兵器工业出版社,2010.

［7］Ungar L Y. Testability design prevents harm［J］. Aerospace and Electronic Systems Magazine,2010,25（3）:35-43.

［8］陈希洋,邱静,等．装备系统测试性方案优化设计技术研究［J］.中国机械工程,2010,21（2）:141-145.

［9］李鸣,高娜,等．电子装备测试性分析关键技术研究［J］.电光与控制,2010,17（11）:49-51.

［10］Department of Defense. Testability Handbook for System and Equipment:MIL-HDBK-2165[S] United States of American:Department of Defense,1995.

［11］Najafabadi MK Nikfard P, Rouhani B D, et al. An Empirical Analysis of a Testability Model［A］. In:Informatics and Creative Multimedia（ICICM）, 2013 International Conference on［C］. IEEE, 2013:63-69.

［12］装备测试性工作通用要求:GJB-2547A-2012.［S]. 2012.

［13］李天梅．装备测试性验证试验优化设计与综合评估方法研究[D].长沙:国防科学技术大学,2010.

［14］范红军．某潜射导弹伺服系统测试性研究[J].产品开发与设计, 2007(1):46-47.

［15］De Paul. Logic modeling as a tool for testability［J］. Proceeding of the IEEE AUTOTESTCON,1985:203-207.

［16］Sheppard J W Simpson W R. Fault isolation in an integrated diagnostic environment

［J］. IEEE Design & Test of Computers,1993,10（2）:78 - 90.

［17］Pattipati K R,Deb S, Raghavan V, et al. Multi - signal flow graphs:A novel approach for system testability analysis and fault diagnosis［J］. IEEE AES Magazine,1995(5) : 14 - 25.

［18］Hartop D,Gould E. Thinking beyond the group size fetish:Towards a new testability ［J］. Proceeding of the IEEE AUTOTESTCON,1999:673 - 684.

［19］Yi Xiaoshan Liu Haiming. Analysis and modeling of testability based on multi - signal flow graphs［J］. China Measurement Technology,2007,33（1）:49 - 51.

［20］Xu Aiqiang Yang Zhiyong, Niu Shuangcheng. Modeling and analysis of system testability based on multi - signal model［J］. Journal of Engineering Design,2007,14（5）:364 - 368.

［21］许辉,梁力. 基于多信号模型的测试性分析方法研究［J］. 计算机测量与控制, 2012,20（4）:914 - 916.

［22］童陈敏. 基于 Modelica 的测试性虚拟验证技术［D］. 哈尔滨:哈尔滨工业大学,2014.

［23］John D C. Test and Evaluation Management Guide［M］. California:The Defense Acquisition University Press,2005.

［24］田仲,石君友. 系统测试性设计分析与验证［M］. 北京:北京航空航天大学出版社,2003.

［25］Department of Defense. Military Standard Testability Programfor Systems and Equipments:MIL - STD - 2165A［S］,1993.

［26］Sudolsky M D. Enhanced C - 17 O - level QAR Data Processing and Reporting［C］. AUTOTESTCON'97. 1997 IEEE Autotestcon Proceedings,1997:44 - 51.

［27］陈然,连光耀,孙江生,等. 加速退化试验改进的故障模式影响及危害性分析［J］. 西安电子科技大学学报,2017,44(3):164 - 169.

［28］陈然. 面向 LRM 体系装备的测试性验证试验关键技术研究［D］. 石家庄:军械工程学院,2016.

［29］Department of Defense. Maintenance management outline for system and devices:MI - STD - 470A［S］, 1983.

［30］故障模式、影响及危害性分析指南:GJB/Z - 1391 - 2006［S］,2006.

［31］徐萍,康锐. 测试性试验验证中的故障注入系统框架研究［J］. 测控技术, 2004, 23:12 - 14.

［32］李志宇. 装备测试性验证中的仿真故障注入技术研究［D］. 石家庄:军械工程学院,

2013.

[33] 李志宇, 黄考利, 连光耀. 基于测试性验证的故障注入系统设计研究[J]. 军械工程学院学报, 2012, 2: 64 - 67.

[34] Kao W L, Iyer R K, Tang D. Fine: A Fault Injection and Monitoring Environment for Tracing the Unix System Behaviour under Faults[J]. IEEE Transactions on Software Engineering. 1993, 19(11): 1105 - 1118.

[35] Martins E, Rubira C M F, Leme N G M. Jaca: A Reflective Fault InjectionTool Based on Patterns. Proc. of DSN 2002[M]. Washington, USA, 2002.

[36] Aidemark J, Vinter J, Folkesson P, et al. Goofi: Generic Object - oriented Fault Injection Tool[J]. DSN 2001. Gothenburg, Sweden, 2001: 1 - 6.

[37] Stott D T, Floering B, Burke D, et al. Nftape: A Framework for Assessing Dependability in Distributed Systems with Lightweight Fault Injectors[M]. Proc. ofIPDS. 2000. Chicago, USA, 2000.

[38] 石晶. 分布式系统的故障注入方法研究[D]. 哈尔滨:哈尔滨工业大学, 2008.

[39] 张西山. 复杂电子装备的小子样测试性评估方法研究[D]. 石家庄:军械工程学院,2015.

[40] 张西山, 黄考利, 闫鹏程,等. 基于验前信息的测试性验证试验方案确定方法[J]. 北京航空航天大学学报, 2015, 41(8):1505 - 1512.

[41] 杨金鹏. 面向实装的装备测试性增长试验关键技术研究[D]. 南京:陆军工程大学 2018.

[42] GJB 2547A《装备测试性工作通用要求》实施指南[S]. 原总装备部电子信息基础部技术基础局,2014. 03.

[43] 高凤岐, 连光耀, 黄考利,等. 基于半实物仿真的电路板故障注入系统设计与实现[J]. 计算机测量与控制, 2009, 17:275 - 277.

[44] GJB 2072—94. 维修性试验与评定[S]. 北京:国防科学技术工业委员会,1994.

[45] GB 5080. 5—1985 设备可靠性试验成功率的验证试验方案[S],1985.

[46] 杨金鹏,连光耀,李会杰,等. 基于二项分布的装备测试性综合验证方案[J]. 中国测试,2018,44(5):12 - 16.

[47] 周概容. 概率论与数理统计基础[M]. 上海:复旦大学出版社,2004.

[48] 盛骤, 谢式千, 潘承毅. 概率论与数理统计[M]. 北京:高等教育出版社, 2008.

[49] 于洋. 浅析二项分布、泊松分布和正态分布之间的关系[J]. 企业科技与发展, 2008(20):108 - 200.